东营凹陷西部滩坝砂油藏成藏动力构成及判识

平宏伟　陈红汉　胡守志　邱贻博　著

图书在版编目(CIP)数据

东营凹陷西部滩坝砂油藏成藏动力构成及判识/平宏伟等著. —武汉:中国地质大学出版社,2018.9
ISBN 978-7-5625-4284-1

Ⅰ.①东…
Ⅱ.①平…
Ⅲ.①东营凹陷-砂岩油气田-油气藏形成-研究
Ⅳ.①P618.130.2

中国版本图书馆 CIP 数据核字(2018)第 168399 号

| 东营凹陷西部滩坝砂油藏成藏动力构成及判识 | 平宏伟　陈红汉 著 |
| | 胡守志　邱贻博 |

| 责任编辑:彭钰会　周　旭 | 策划编辑:彭钰会 | 责任校对:徐蕾蕾 |

出版发行:中国地质大学出版社(武汉市洪山区鲁磨路388号)	邮政编码:430074
电　　话:(027)67883511	传真:67883580	E-mail:cbb@cug.edu.cn
经　　销:全国新华书店		http://cugp.cug.edu.cn
开本:787毫米×1092毫米　1/16	字数:263千字	印张:10.25
版次:2018年9月第1版	印次:2018年9月第1次印刷
印刷:武汉市籍缘印刷厂	
ISBN 978-7-5625-4284-1	定价:36.00元

如有印装质量问题请与印刷厂联系调换

前 言

历经50多年的油气勘探，东营凹陷从早期的构造油气勘探到后来的复式油气勘探，进入到如今的隐蔽油气勘探阶段。油气勘探难度越来越大，发现的油气藏埋藏越来越深，油层越来越薄，规模也越来越小。因此，寻找新的勘探领域和勘探接替层系已成为勘探任务的重中之重。

近些年来，胜利油田在东营凹陷南坡沙四上亚段滩坝相砂岩储层油气勘探取得重大突破，已累计探明超过2亿吨石油地质储量。滩坝砂油藏已经成为东营凹陷近年乃至今后一段时间增储主力。东营凹陷滩坝砂油藏具有砂体薄（平均1～1.5m）、层数多（多达20层）、分布广、无明显水层、大面积含油且含油饱和度高等特征，但其大面积含油的成藏过程及成藏动力学机制还不清楚，制约了对东营凹陷薄互层滩坝砂岩油藏分布规律的认识。

本书在对东营凹陷西部滩坝砂油藏静态地质特征总结和流体包裹体系统研究基础上，将不同压力系统油藏特征与微观油气信息及油气运移动力学条件紧密结合，深入剖析了东营凹陷西部沙四上亚段不同类型滩坝砂油藏成藏过程及动力学门限条件。本书取得如下主要研究成果：

（1）东营凹陷西部沙四上亚段的滩坝砂油藏主要受控于砂体的展布和断层的封闭性，其油气最有利聚集带是与滨南-利津断阶构造带和博兴断阶构造带之间的鞍部相连通的构造高部位。滩坝砂油藏可划分为洼陷内超压系统油藏、斜坡带超压系统油藏和斜坡带常压系统油藏3种类型。有机地化结果表明，滩坝砂油藏主要来自沙四上亚段源岩，具有油气"倒灌"充注成藏特点。

（2）东营凹陷西部沙四上亚段发育3期油气充注：第一期油发橙色-黄色荧光，充注时间为34.8～25.1Ma（Es_1晚期—Ed晚期）；第二期浅黄色荧光油充注时间为12.5～4.8Ma（Ng中期Nm早期）；第三期油发黄绿色-蓝白色荧光，充注时间为4.3～0Ma（Nm中期—现今）。

(3) 东营凹陷西部沙四上亚段滩坝砂油藏垂向上主要分布在超压封存箱的泄压区,部分油藏分布于常压区。对于滩坝砂油藏来说,最有利的成藏位置分布在超压封存箱泄压带距离超压中心±150m以内。欠压实作用是超压形成的主要机制。古流体压力恢复结果表明,流体压力与3期油气充注耦合呈现3个演化旋回,即第一期油充注时期主要为常压系统,第二期油充注时期开始发育超压,为常压-超压系统,第三期油充注时期超压开始广泛发育。油气主成藏期为第二期和第三期,该时期广泛发育的超压为沙四上纯上亚段烃源岩生成油气"倒灌"充注成藏提供动力条件,其中第三期油充注奠定了现今滩坝砂油气分布格局。

(4) 根据连续油相二次运移动力学条件分析,定量判别了水动力和浮力各自在油气运移过程中的贡献量。当压力梯度小于1.07MPa/km时,浮力贡献率超过50%;当压力梯度位于1.07~1.41MPa/km之间时,浮力贡献率为25%~50%;当压力梯度大于2.44MPa/km时,水动力贡献率超过90%。盆地超压越发育,水动力作用就越强,油气运移距离越远;相反,单纯以浮力作为驱动力的油气运移过程,油气运移距离短,油气主要在烃源灶附近成藏。

(5) 东营凹陷西部沙四上亚段滩坝砂油藏成藏动力形式以洼陷为中心呈环带分布,洼陷中心以垂向超压驱动机制为主,斜坡带以侧向超压+浮力复合驱动机制为主,盆缘部位主要靠单一浮力驱动。

本书共分五章,第一章由陈红汉、平宏伟执笔,第二章由平宏伟、邱贻博执笔,第三章由平宏伟、胡守志执笔,第四章、第五章由平宏伟、陈红汉执笔。宫雪、陈武珍、侯胜、高东箭、张宇睿、时春磊、何思宇、蔡一婷、张振宇、王雨涵等也参加了部分章节编图、清绘和样品测试工作。本书在写作过程中得到了胜利油田勘探开发研究院领导和专家的指导和大力帮助,在此特表感谢!

由于作者掌握资料和水平有限,书中定有不足之处,敬请批评指正!

著 者
2018年3月

目 录

第一章 绪 论 …………………………………………………………………… (1)

第一节 国内外研究现状及意义 ……………………………………………… (1)
一、滩坝砂研究现状 ………………………………………………………… (2)
二、成藏动力学的研究内容 ………………………………………………… (6)
三、发展趋势 ………………………………………………………………… (8)
四、存在的问题 ……………………………………………………………… (8)

第二节 研究内容、研究方法及技术路线 …………………………………… (8)
一、油气成藏关键地质要素静态建模 ……………………………………… (9)
二、不同压力环境下油藏特征 ……………………………………………… (9)
三、油气主要成藏期关键参数恢复 ………………………………………… (10)
四、不同压力背景下流体运移动力构成及其依据 ………………………… (10)
五、不同压力环境下油气成藏动力学模式的建立 ………………………… (11)

第三节 研究目的和意义 ……………………………………………………… (12)

第二章 区域地质概况 …………………………………………………………… (13)

第一节 地层特征 ……………………………………………………………… (13)
一、孔店组（Ek） …………………………………………………………… (13)
二、沙河街组（Es） ………………………………………………………… (16)

第二节 构造特征及演化 ……………………………………………………… (17)
一、构造特征 ………………………………………………………………… (17)
二、构造演化 ………………………………………………………………… (17)

第三节 沉积特征 ……………………………………………………………… (19)
一、层序地层划分 …………………………………………………………… (19)
二、沉积特征及演化 ………………………………………………………… (19)

第四节 石油地质特征 ………………………………………………………… (23)

一、烃源岩特征 …………………………………………………………………… (23)
　　二、储集层特征 …………………………………………………………………… (23)
　　三、盖层特征 ……………………………………………………………………… (24)

第三章　滩坝砂油藏静态地质特征 …………………………………………………… (25)

第一节　滩坝砂油藏分布特征 …………………………………………………… (25)
　　一、沙四上纯上亚段油藏 ………………………………………………………… (25)
　　二、沙四上纯下亚段油藏 ………………………………………………………… (25)

第二节　油藏流体性质 …………………………………………………………… (29)
　　一、原油的密度和黏度 …………………………………………………………… (29)
　　二、原油的含硫量 ………………………………………………………………… (29)
　　三、原油的凝固点和含蜡量 ……………………………………………………… (33)

第三节　滩坝砂油藏储层特征 …………………………………………………… (34)
　　一、储层砂体的展布 ……………………………………………………………… (34)
　　二、储层物性及含油饱和度特征 ………………………………………………… (37)

第四节　油藏的温-压特征 ……………………………………………………… (40)
　　一、今温-压基本特征 …………………………………………………………… (40)
　　二、单井压力结构解剖 …………………………………………………………… (47)
　　三、超压成因 ……………………………………………………………………… (51)
　　四、超压预测 ……………………………………………………………………… (58)
　　五、超压成因定量评价 …………………………………………………………… (60)
　　六、超压平面和剖面分布 ………………………………………………………… (63)

第五节　滩坝砂油藏油源分析 …………………………………………………… (68)
　　一、烃源岩生物标志化合物特征 ………………………………………………… (68)
　　二、原油和油砂的生物标志化合物特征 ………………………………………… (69)
　　三、油源对比 ……………………………………………………………………… (73)

第六节　滩坝砂油藏特征总结 …………………………………………………… (79)
　　一、利津洼陷滩坝砂油藏特征 …………………………………………………… (79)
　　二、博兴洼陷滩坝砂油藏特征 …………………………………………………… (82)

第四章　滩坝砂油藏成藏期次划分及成藏时期确定 ………………………………… (86)

第一节　流体包裹体荧光特征及荧光光谱分析 ………………………………… (86)

  一、有机包裹体荧光特征 …………………………………………………… (86)

  二、荧光光谱分析 …………………………………………………………… (90)

 第二节 油气充注期次及时期确定 …………………………………………… (98)

  一、流体包裹体显微测温分析 ……………………………………………… (98)

  二、油气成藏期次划分及成藏时期确定 …………………………………… (99)

 第三节 成藏期古压力演化 ………………………………………………… (104)

  一、古流体压力热动力学模拟原理 ……………………………………… (104)

  二、古压力恢复结果分析 ………………………………………………… (106)

第五章 不同压力背景下流体运移动力构成及判识依据 …………… (116)

 第一节 油气运移作用力分析 ……………………………………………… (116)

  一、流体压力 ……………………………………………………………… (116)

  二、浮力 …………………………………………………………………… (117)

  三、毛细管压力 …………………………………………………………… (117)

 第二节 油气运移动力学分析 ……………………………………………… (118)

  一、今浮力、毛细管力和流体压力差 …………………………………… (119)

  二、成藏期古孔隙度及古毛细管压力恢复 ……………………………… (120)

  三、初次运移向下排烃动力学条件 ……………………………………… (125)

  四、二次运移侧向运移力学条件 ………………………………………… (129)

  五、二次运移动力构成判识 ……………………………………………… (132)

 第三节 滩坝砂油藏成藏动力学门限 …………………………………… (135)

  一、成藏动力剖面分析 …………………………………………………… (136)

  二、成藏动力平面分析 …………………………………………………… (142)

 第四节 不同压力环境下油气成藏动力学模式 ………………………… (147)

第六章 主要结论及认识 ………………………………………………… (150)

主要参考文献 …………………………………………………………………… (152)

第一章 绪 论

第一节 国内外研究现状及意义

  沉积盆地油气分布因受控于多种地质因素而显出各种各样的差异性。其中与异常超压环境相关的油气成藏动力学机制是迄今仍没有得到很好解决的一个科学问题。有一部分人认为,超压环境不利于油气成藏(油气在超压顶界面±300m范围内最富集,而压力系数大于1.5的储层中多为水溶气或地压气);而另一部分人认为,超压系统中油气能够成藏(异常超压盆地中探明油气藏统计、"甜点"等)。近年来国内外研究成果表明,简单地以"油气总是从高势区向低势区运移"还不足以理解异常超压环境中的油气聚集规律,关键是要了解异常超压环境中:①异常超压系统结构和演化与生烃耦合关系;②油气运移的相态;③源内和源外输导体系;④烃源岩生烃强度;⑤超压驱动流体流动与烃类运移的力学机制。

  异常超压环境可分为超压系统(也称为源内系统)、压力过渡带和常压系统(统称为源外系统)。各个系统油与气的成藏机制是存在差异的。在超压系统内部,如果烃源岩生油强度足够大,即使是强超压中心,油气也能靠围岩(烃源岩靠微裂缝排烃形成烃柱)与砂岩排替压力差充注透镜体砂岩,在砂岩内部靠浮力聚集成藏,因为超压封存系统内部基本上为正常压力梯度。如果烃源岩生油强度不是很高,超压系统内部砂体没有成藏并不是因为超压本身不利于油聚集成藏,但可以由幕式泄压将含油流体通过输导体系,以涌流态混相形式带至源外相对低势区(常常是超压顶界面附近),逐渐聚集成藏。这时超压对油成藏起到"驱动力"作用。因为异常超压驱动时,油与水是一起运动的,在超压系统内部超压本身对油和水的质点作用并没有区别。从这个角度来讲,异常超压是把超压系统内部生成的油驱动到相对低势区聚集成藏(或散失)的源动力和有利因素。

  与油不同的是,天然气在高温高压水中具有较高的溶解度(Price,1976)。若异常超压系统内部烃源岩或储层中没有游离相天然气,则不能形成天然气成藏;但若烃源岩生气强度足够高,出现了游离相天然气,那么这部分游离相天然气可以从烃源岩中排出,在储层中聚集形成天然气藏。因此,异常超压系统内部天然气能否成藏,关键取决于烃源岩生气强度(是否存在游离相天然气)与异常压力的大小(天然气溶解度是压力、温度和盐度的函数)的共同作用。而对于相对低势区的源外圈闭,当超压幕式排放出水溶相天然气进入其中,因温压下降,天然气出溶而聚集成藏。因此,对于天然气来说,异常超压不利于其成藏,常压带或相对低势区是天然气最有利的聚集场所。

我国东部松辽盆地、渤海湾盆地和海域莺歌海盆地等油气勘探成果,从宏观上在一定程度揭示了断陷盆地背景下沉积型异常超压环境岩性-地层油气藏成藏动力和分布规律(邹才能等,2005);处于强超压系统中的砂岩透镜体油气藏存在幕式充注和侧向、垂向两种流体排放模式(杜春国等,2006)。超压体系构成了准封闭的超压封存箱型自源油气成藏动力学系统,同时也通过幕式排放为浅层的新近系及古近系的沙三段上亚段和东营组开放性、他源油气成藏动力学系统提供油源及成藏动力。断裂是超压体系泄压的重要渠道,也是油气幕式排放的主要途径,与断裂、不整合沟通的砂岩体及背斜构造可形成箱缘和箱外构造-岩性-不整合油气藏(陈中红等,2008)。

随着东营凹陷勘探程度不断提高,其油藏类型的多样性以及从盆缘→盆地中心,构造油藏→构造-岩性油藏→岩性油藏类型的差异性分布逐渐为人们所认识,但对其油气地球化学特性以及油气充满度和丰度差异性的成因机制还了解得不够深入,特别对造成这些差异性的动力构成及其与储层"相"特征关系的研究还停留在静态模型层次,缺乏耦合动态演化控藏模型的指导,因此对不同特征油藏与其油气成藏过程和动力学环境的内在联系的认识还不够明晰。

东营凹陷南坡主要包含缓坡带和洼陷带,其中洼陷带是凹陷长期性的沉降中心,发育了由盆内坡折控制形成的规模宏大的三角洲-浊积扇沉积体系;缓坡带地层平缓,发育一系列盆倾断层以及由缓坡断阶控制形成的冲积扇-低位三角洲-滩坝砂体系。在上述构造与沉积体系的控制下,东营南坡发育了各种类型、规模不等的油气藏。但有关成藏条件、成藏机理和成藏过程的研究还有待深入,如:南坡不同断裂构造带的构造特征不同,其油气赋存的部位也不同;成藏期成藏的定量匹配条件直接关系到油气能否成藏;滩坝砂体成藏是"倒灌"式还是侧向运移成藏;油气成藏过程的精细研究还不够。因此,深入开展南坡油气藏及其分布特征研究,定量恢复油气成藏期成藏地质条件,再现油气成藏过程,深化油气成藏机理研究,建立南坡不同构造带油气成藏模式,形成一套陆相断陷盆地典型油气藏解剖、油气运移与成藏过程定量分析和预测方法,对于系统总结断陷盆地缓坡带油气分布特征、探讨油气成藏机理、预测与评价有利勘探区、指导油田勘探实践均具有重要的理论和现实意义。

一、滩坝砂研究现状

济阳坳陷滩坝砂油藏的勘探始于 20 世纪 60 年代,但是由于对滩坝砂沉积及其油气成藏等规律认识的片面性和局限性,限制了滩坝砂油藏勘探。近十几年来随着隐蔽圈闭的深入勘探，滩坝砂油藏越来越受到人们的重视，成为了油田"增储上产"的目标之一。从 2006 年至今，东营凹陷滩坝砂油藏累计上报的探明石油地质储量达 2 亿吨，说明滩坝砂油藏具有良好的勘探前景。与此同时，国内外许多学者对断陷湖盆中发育的滩坝砂储集体进行了大量深入研究，在滩坝砂体的沉积环境、沉积模式、储集特征、识别技术等方面取得了丰富的研究成果。

1. 滩坝砂的沉积环境及类型

Clifton 等(1971)、Davidson-Amott 和 Greenwood(1976)及赵澄林等(1999)厘定了滩坝砂的沉积环境：滩坝砂是滨浅湖区常见的砂体，多分布在湖泊边缘、湖湾及湖中局部隆起区的缓坡一侧，主要发育在湖泊迎风侧波浪作用较强的湖岸处，主要受控于波浪和沿岸流的影响。根据滩坝砂体的形态及产状可将其分为坝砂和滩砂。坝砂位于滩坝砂体的中心部位，多发育在浅湖区，主要表现为与岸平行的细长条带状砂体，也可以与岸斜交或相连，可能呈几排出现。在一个沉积旋回中，表现为砂岩层数少但单层厚度大的特点，单层厚度一般大于 3m。Xue 和 Galloway(1993)认为坝砂包括砂嘴、砂坝、障壁岛等，因为沉积水动力能量较强，垂向上多表现为向上变粗的反序结构。滩砂多发育于较平坦的滨湖区，一般平行湖岸分布，呈席状或较宽的带状分布在坝砂周围，其分布面积较大；垂向上表现为频繁的砂泥互层，砂层表现为单层厚度薄但层数多，粒序不明显或呈反粒序结构，单层砂体平面延伸较远。根据砂体厚度、分布特征及粒度，又可将其分为滩脊、滩席和滩间湾。

滩坝砂的分类很多，李秀华等(2001)根据滩坝砂体发育的地理位置，将其划分为靠近湖岸的近岸滩坝和靠近断鼻构造侧翼或倾没部位的远岸滩坝；朱筱敏等(1994)、陈世悦等(2000)通过对惠民凹陷、东营凹陷等地区滩坝砂的研究，根据滩坝砂体的组成成分将其划分为生物碎屑滩坝和砂质滩坝；李丕龙等(2004)根据滩坝砂体发育的平面位置及距湖岸线的距离将其划分为沿岸滩坝、近岸滩坝及远岸滩坝；邬金华等(1998)、操应长(2009)根据组成滩坝沉积体的沉积物类型将其划分为陆源碎屑岩滩坝和碳酸盐岩滩坝；Jiang 等(2011)利用岩芯观察、测井和地震分析等方法对东营凹陷博兴洼陷沙四上亚段滩坝砂体沉积结构、分布样式和形成机制进行详细研究。

2. 滩坝沉积模式

早在 1982 年 Cheng 等根据矿物组合特点、沉积构造特征及所保存的生物遗迹化石，总结了 6 种近滨岸海相砂坝沉积模式；Fraser 和 Hester(1977)在 Michigan 湖西南滨岸分析研究了存在的 7 种滩脊复合体沉积环境及这些沉积环境下所形成的沉积特征；1994 年朱筱敏等根据滩坝砂体的沉积特征、分布地理位置和形成滩坝的水动力条件，建立了陆相断陷湖盆滩坝沉积模式(图 1-1)；周丽清等(1998)总结了板桥凹陷沙二段滩坝砂体的沉积特征及沉积模式，将滩坝砂自下而上按沉积层序分为坝内缘、坝主体和坝外缘。曾发富等(1998)将滩坝砂体分为滩主体、滩侧缘、滩间、坝主体、坝侧缘和坝间 6

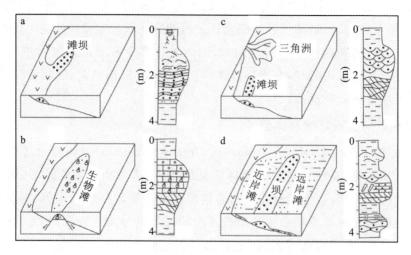

图 1-1 陆相断陷湖盆滩坝沉积模式图(据朱筱敏等,1994)

a.湖岸线拐弯处滩坝;b.水下隆起滩坝;c.短轴三角洲侧缘滩坝;d.开阔浅湖滩坝

个沉积微相,垂向自下而上分为滩间(坝间)—滩侧缘(坝侧缘)—滩主体(坝主体)—滩侧缘(坝侧缘)—滩间(坝间)复合沉积序列。陈世悦等(2000)建立了较为完整的滩坝垂向演化沉积模式,并将划分的砂质滩坝分为坝前微相、滩坝外侧缘微相、滩坝内侧缘微相、滩坝主体(坝顶)微相、坝后微相5种沉积微相;蒋解梅等(2007)在研究东营凹陷王家岗油田时,将沙四上亚段滩坝砂体划分为滩坝主体、滩坝后缘、滩坝前缘、坝后湖湾、滨湖沉积5种沉积微相,并分析了其平面展布特征及滩坝砂体微相的横向预测,建立了王家岗油田沙四段的滩坝砂沉积模式;操应长等(2009)将滩坝砂分为滩相-滩脊、滩席、滩间湾和坝相-坝主体、坝侧缘,并建立了滨浅湖滩坝沉积模式(图 1-2);侯方浩等(2005)研究了四川盆地上三叠统香溪组四段和二段滩坝的沉积特征,并对香溪组四段和二段的沉积模式进行了类比研究,并建立了沉积模式;张宇(2008)研究了东营凹陷西部沙四上亚段滩坝砂的沉积特征及空间分布特征;李靓(2009)在对东营凹陷缓坡带滩坝砂研究中,提出了湖岸滩坝沉积模式、三角洲侧缘滩坝沉积模式及开阔浅湖滩坝沉积模式;毛宁波

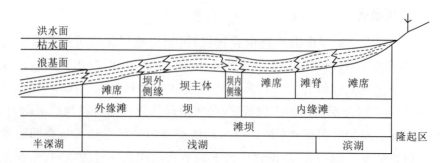

图 1-2 滨浅湖滩坝沉积模式图(据操应长等,2009)

等(2003)根据测井相、岩芯相及地震相的研究,总结了滩坝砂体垂向的沉积模式和平面分布特征,建立了岐南凹陷西斜坡区滩坝砂体的沉积模式。

3. 滩坝研究方法及识别技术

目前,对滩坝砂内部结构的认识和滩坝砂空间分布及预测等方面处于定性分析阶段,并没有一种固定的、成型的模式对其进行描述、分析和控制,而且在实际勘探中无法具体区分出滩砂和坝砂,不利于寻找有效的储集体及进行油藏条件分析,所以国内外有很多学者主要从滩坝岩性组成、沉积结构、沉积特征、地震反射标志和测井曲线特征等方面对滩坝的识别作了大量的分析研究。毛宁波等(2003)提出用高分辨率3D地震和波阻抗反演的方法识别滩砂砂体,并建立了滩坝砂地球物理识别特征;赵铭海(2004)和刘书会(2006)提出根据相似背景分离技术进行滩坝识别;才巨宏(2005)提出了应用波形分析和地震特征反演技术来进行滩坝的预测;李桂芬(2006)通过做沉积厚度图来恢复古地貌,发现滩坝砂的发育与地层厚度变化具有一定的相关性,提出了利用沉积厚度图来识别滩坝砂体的技术;李国斌等(2009)通过对东营凹陷古近系沙四上亚段滩坝的沉积特征、平面分布及控制因素等研究,认为滩坝的形成与分布主要受不同波浪带控制,在建立东营凹陷风动力砂体分布模型基础上,通过分析不同波浪带波浪参数变化,对东营凹陷博兴洼陷南部缓坡带近岸坝、远岸坝单砂体厚度及宽度进行定量预测计算。此外有些学者(纪友亮等,2008;戴朝强等,2006)利用层序地层学和高分辨率层序地层原理,进行地层对比、划分,在层序格架内研究滩坝的沉积特点及分布规律;陈世悦等(2000)、刘伟等(2004)、张宇等(2005)胜利油田地质工作者在数年的油气勘探与研究的基础上建立了勘探滩坝砂油藏的技术流程,形成了一系列配套的勘探技术。

4. 滩坝储层特征及成藏条件

朱筱敏等(1994)指出滩坝砂岩一般形成岩性圈闭和构造-岩性圈闭,滩坝储集体物性好、近油源、生储盖配置较为完善,故有利于油气的富集,可以形成具有一定规模的油气田;李秀华等(2001)通过对滩坝储集体时空分布和主控因素的分析,归纳出5个有利于滩坝储集体发育的区带并预测了储层,探讨了控制滩坝储集体油气富集成藏及分布的主要因素,指出油气富集成藏的关键是构造和储层之间的匹配关系;孙锡年等(2003)对滩坝砂的沉积环境进行了分析,并对其空间展布特征、油气成藏条件及富集规律进行了研究,指出油气主要来源于博兴洼陷发育的沙四段纯上亚段烃源岩,储集空间主要为坝微相发育的厚度大的砂岩,构造作用产生的断裂沟通了烃源岩和储集层,成为主要的输导通道;王林等(2007)分析了博兴洼陷已发现的滩坝砂油藏的储层特征及成藏条件,指出滩坝发育主要受控于物源、古地形、水动力和沉积旋回等条件,而滩坝储集体中油气的富集受油源、储层、断裂和地层超压等多因素综合控制;田美荣(2008)系统研究了东营凹陷西部滩坝砂的储集空间和孔隙结构,并探讨了其主控因素,指出滩坝砂发育孔隙型和裂缝型两种类型的储集空间。孔隙包括经压实及胶结作用残余的原生孔隙和溶解作用产生的次生粒间溶孔,裂缝主要由构造作用产生,常见的孔隙结构为中高孔中高渗中喉型;邹灵(2008)应用沉积动力学和高分辨率层序地层学综合研究了东营凹陷西部沙四段发育的滩坝砂,明确了滩坝砂储层的空间展布,确定了储层发育的控制因素,厘定了滩坝砂的油气成藏条件;李茹和韦华彬(2009)对博兴油田沙四段滩坝砂岩储层岩石学及孔吼特征研究表明,沉积微相和成岩作用是控制本区滩坝砂体储层物性的主要因素;操应长等(2009)应用采油、试油、束缚水饱和度等方法求得研究区不同深度段滩坝砂的有效储层物性下限值,并回归得到物性下限值与深度之间的函数关系,指出储层的有效性主要受控于沉积微相和砂体厚度,受成岩及地层压力的影响较小,有效储层发育在坝主体微相和滩脊微相。王健等(2011)在对东营凹陷南坡沙四上亚段滩坝砂压汞曲线形态及特征参数研究的基础上,探讨了滩坝砂储层孔喉结构类型及其主要控制因素;郭松(2011)、谭丽娟等(2011)在对东营凹陷博兴油田沙四上亚段滩坝砂油藏类型、储层及输导条件进行研究的基础上提出了滩坝砂油藏成藏模式;赵伟等(2011)、刘康宁等(2012)通过对东营凹陷沙四上亚段滩坝砂体次生孔隙形成机制进行研究认为,不同构造位置次生孔隙成因类型不同,主要由于滩坝砂体中储层的固体-流体性质差异引起;王永诗等(2012)首次在滩坝砂沉积"三古控砂机制"[古地貌、古水动力(波浪、湖流)、古基准面]和滩坝砂油藏的"三元控藏"(断裂裂隙、有效储层、烃源岩超压)基础上,明确了滩坝砂成藏要素与富集规律,认为大面积分布的滨浅湖滩坝砂沉积、烃源岩生烃增压与成岩过程中耗水降压共同作用下的"压-吸充注"是滩坝砂岩大面积含油的主要原因,从而将滩坝砂油藏成藏主控因素及机制研究推向新的高度。

二、成藏动力学的研究内容

油气成藏动力学经历了30多年的发展,虽然还没有统一的概念,但是却不断改进和完善了研究方法及理论,特别是从20世纪90年代以来,随着成藏年代学的发展,研究成藏动力学成为油气成藏研究的重点内容。本书涉及的成藏动力学研究内容主要是古压力的恢复、油气成藏期次和成藏期的确定。

1. 古压力恢复

油气从高势区流向低势区,并在低势区聚集成藏是沉积盆地中油气运聚的特点。然而,油气运移方向并非总是沿流体势递减的方向,往往是沿着断层损伤带、孔隙性储层、不整合面等特定的被称为优势通道的输导系统进行汇聚式流动(陈红汉等,2002)。因此,研究油气运移的动力,特别是沉积盆地中流体古压力演化过程成为研究油气成藏动力学的关键内容之一。

在实际的研究过程中有很多方法可以用来恢复古压力,刘震等(1993)利用地震层速度预测了辽西凹陷北洼下古近系和新近系的异常地层压力,取得了较满意的结果;徐国盛等(1996)结合盆地的沉积构造史、成岩变化史、油气生成史、油气运移与聚集成藏等演化史建立了合适的古地层压力的地质模型,从而达到对古压力的预测;付广等(1998)利用泥岩声波时差资料,根据泥岩压实的不可逆原理,进行了古压力的恢复;邹海峰(2000)提出利用黏土矿物的形成温度及实际曲线估算黏土矿物的形成压力,标定古压力的特征及演化;李善鹏(2003)将研究区的地质资料与盆地模拟方法相结合,恢复了单井及剖面的古压力。利用以上所述的方法能轻易地恢复地质历史时期地层流体的压力(古压力),但是由于受先验性参数选择、地质数据密度等因素的制约,这些方法只能粗略地再现盆地流体压力的演化,不能满足生产评价的要求。这就需要采用一种全新的微观尺度上的方法来进行流体古压力的恢复,流体包裹体分析技术便是符合此要求的方法。流体包裹体是成岩成矿流体在矿物晶体生长过程中,被包裹在矿物晶格缺陷中、至今封存在主矿物中并与主矿物有着相界限的物质,它记录着流体捕获时期的古温度、古压力和流体组分信息。流体包裹体主要应用于恢复含油气盆地中古温压场。李善鹏等(2004)利用流体包裹体来恢复古流体势的关键参数古压力,用到的估算方法主要有CO_2容度法和盐度-温度法(刘斌,1986);近几年,陈红汉等(2002)及米敬奎等(2003)将流体包裹体 PVT 热动力学模拟的方法应用于盆地古压力的计算,取得了良好效果,这种方法也成为重构含油气盆地古流体演化的重要方法。

2. 油气成藏期次及成藏期的确定

我国许多含油气盆地具有多套烃源层、多个烃源区、多期油气生成、多个油气系统或子系统控油、多期油气充注聚集,同时又遭受多期破坏的特点。油气成藏期次和成藏期的确定就成为了多叠合盆地油气成藏动力学研究的重要内容。

油气成藏期早期研究主要是在生、储、盖、运、聚、保等各项参数的有效配置基础上,根据构造演化、圈闭形成及烃源岩生排烃史来判断油气成藏期次和成藏期。随着科学技术的发展,确定油气成藏期的研究方法也从传统的"正演"方法演化为近几年广泛应用的"反演"方法。"正演"方法是建立在盆地演化史、构造演化史、沉积埋藏史及热史研究的基础之上,将油气充注与圈闭发育和烃源岩生排烃结合起来判断油气成藏期的一种方法,主要表现在 3 个方面:①根据沉积埋藏史和构造发育史准确确定圈闭发育史,从而确定成藏期;②根据烃源岩主生烃期确定成藏期;③根据油藏饱和压力确定成藏期。这种方法是建立在油气藏形成后饱和压力没有发生变化的基础上的,但是在实际地质历史过程中受原生气体的混入、油气藏形成后频繁的构造运动及静水压力和饱和压力换算过程中的误差等因素的影响,该方法没有得到广泛的应用。"反演"方法主要是从岩石学和地球化学的角度来确定油气成藏期,主要涉及的具体方法有:①利用油气源对比结合生烃史推测油气成藏期;②利用分子地球化学成熟度参数确定油气热成熟度并与烃源岩成熟度演化进行对比分析,准确确定油藏成藏期;③从油气藏非均质性出发,结合油气水界面位置及变化史,阐明油气演化史;④利用流体包裹体确定油气成藏期;

⑤利用储层沥青确定油气成藏及改造过程和利用成岩矿物同位素年代学确定油气充注的绝对年龄。由于精度及不确定影响因素较多,利用圈闭发育史、烃源岩主生烃期、油藏饱和压力、油源对比和分子地球化学等确定成藏期的方法现在已经较少单独使用。目前,确定油气成藏期最普遍并且有效的方法是流体包裹体系统分析法,主要是应用储层流体包裹体的均一温度、埋藏史和热演化史来确定油气充注期次及时期。本书油气成藏期次及成藏期的确定就是建立在流体包裹体理论基础上的。

三、发展趋势

滩坝砂油藏作为隐蔽圈闭-岩性油藏的一种,随着隐蔽圈闭的深入勘探,越来越受到人们的重视,在新发现的油气藏中无论是产量还是储量上都占有重要地位,成为了油田"增储上产"的贡献之一。因此,滩坝砂油藏将是我国陆相断陷盆地特别是渤海湾盆地最现实、最有潜力的油气勘探领域之一。但是在实际勘探过程中,滩坝砂油藏存在如下问题:①砂体隐蔽性强,滩坝砂岩储层分布规律复杂;②滩坝砂体单层厚度薄、横向变化大,难以对砂体进行准确的描述和追踪;③成藏控制因素复杂,油藏分布规律不确定,成藏过程及成藏动力不明确。这些问题一直是国内外一些学者及油田石油地质工作者研究的重要内容。随着滩坝砂油藏勘探的不断深入,滩坝砂的成藏条件及控制因素、成藏动力构成和成藏机理将是目前石油地质工作者努力探索的热点之一。

四、存在的问题

(1)滩坝砂的内部结构及空间分布预测等方面基本上处于定性分析阶段,还没有一种比较固定的、成型的模式对其进行描述和控制;

(2)在实际勘探中无法具体区分出滩砂和坝砂,难以对砂体进行准确的描述和追踪;

(3)对滩坝沙油藏油气成藏过程缺乏深入了解,油气成藏期次和成藏时期尚未得到厘定;

(4)滩坝砂油藏成藏时期的动力构成和动力演化未得到约束,油气充注路径不明确。

第二节 研究内容、研究方法及技术路线

本书在前人研究成果的基础上,结合本课题组大量实测资料,进行滩坝砂油藏成藏动力研究。研究范围以东营凹陷西部滩坝砂油藏作为重点解剖对象,研究层位为沙四上亚段。具体研究内容包括以下几方面。

一、油气成藏关键地质要素静态建模

1. 构造特征研究

在前人研究成果的基础上,根据研究需要,进一步精细刻画断层及其空间组合,补充、完善或完成研究区主要含油层段顶面大比例尺构造图;完成(多条)不同方向的油藏剖面图;利用地质、地震、测井资料,开展断层组合特征、断层活动性和封闭性研究。

2. 沉积、储层特征研究

在利用岩芯实测孔隙度资料对测井资料进行刻画的基础上,结合前人的研究成果,完成含油层段沉积微相、储层物性大比例尺平面分布图。

3. 现今压力特征及压力系统划分

利用地层测试和测井资料,结合构造格局、断裂体系和储层特征分析,重点开展东营凹陷现今流体压力、剩余压力平面和剖面分布特征研究,明确流体压力突变点(如封闭断层、砂-泥岩边界),精细解剖平面和剖面的压力结构,划分现今压力系统。

4. 源-藏空间对应关系研究

在前人油源对比研究成果的基础上,利用地化分析和综合分析方法,以利津和博兴洼陷为重点,开展主力油气聚集与烃源岩成因关系研究,明确源-藏空间对应关系,划分不同来源的油气藏。

二、不同压力环境下油藏特征

将上述图件与已发现的油藏进行叠合,并完成如下的统计和分析。

1. 油藏特征分析

以同源油藏为对象,开展油藏类型、封盖条件、油藏油柱高度、储层物性下限、断裂性质(几何形态、活动和主活动期、岩性配置等)、原油及地层水性质、生物标志化合物等参数统计,明确其空间变化规律。

2. 油藏特征与压力环境的关系

根据压力系统划分结果,将已知油藏及其特征与压力环境进行匹配,明确油藏特征与压力分布的关系,分析在不同压力环境下油藏特征的变化规律。

3. 不同压力背景下油藏特征

在上述工作的基础上,提取并归纳出具有普遍地质意义的、可用以描述不同压力背景下油藏特征的相关(宏观、微观)参数(标志),并阐明其地质和物理意义。

三、油气主要成藏期关键参数恢复

以东营凹陷西部滩坝砂油气聚集区为重点解剖区,在成藏期分析的基础上,结合地化和流体包裹体分析测试、数值模拟等技术恢复主力层系古压力分布特征,重点研究油气成藏期的古压力和储层物性,分析研究区油气成藏期的流体运移动力构成及判识标志。

1. 油气成藏期古压力特征及演化

主要运用2D数值模拟和流体包裹体热动力学模拟的技术和方法,以现今压力特征作为最终约束,利用流体包裹体数据作为过程约束,恢复主要成藏期的流体压力和压力系数,分析古压力分布特征及演化规律,划分古压力结构和古压力系统,建立研究区压力-时间演化曲线和流体破裂判识。

2. 油气成藏期储层毛细管压力特征及演化

结合储层相关研究成果,利用成岩作用对储层物性演化的影响因素分析,以测试资料、包裹体均一温度作为约束,恢复成藏期的储层物性,应用毛细管压力计算公式,计算主要油气成藏期毛细管压力,分析主要成藏期毛细管压力特征及演化规律。

四、不同压力背景下流体运移动力构成及其依据

1. 不同压力背景下流体运移动力构成的理论依据

根据国内外最新的研究成果,系统分析(论述)不同压力背景下流体运移动力的构成及其(适用)假设条件,建立相应的理论模式或公式,为系统分析已知油藏奠定理论基础。

2. 现今油气藏(综合)特征的理论解释

应用初步建立的不同压力背景下流体运移动力构成的理论模式,在油气主要成藏期压力、毛细管压力、浮力分析的基础上,结合断裂活动史和盖层分析,分析研究区不同压力背景下流体运移动力的构成,解释现今油气藏分布及其综合特征的内在机理。

3. 物理模拟实验及相关特征的相互认证

根据上述研究成果,设计地质模型,结合物理模拟分析不同成藏环境(驱动机制、充注方式、运移相态)下油气藏形成过程和相关特征(综合),并与已知油气藏(综合)特征的统计结果对比,不断修改模型和充注过程,最终建立超压环境、过渡环境和静水环境下油气成藏动力构成及其对油气藏形成、分布和相关特征的控制作用,从而对其他油藏的成藏动力环境进行识别。

五、不同压力环境下油气成藏动力学模式的建立

综合上述研究结果,建立东营凹陷不同压力环境下的油气运聚模式,明确有利于油气大规模运移的动力环境和主控因素,分析油气富集规律,预测有利地区。

本书的总体技术思路是,以压力体系相对完整、油气藏类型相对丰富、资料比较齐全的东营凹陷为研究区,在关键地质要素静态建模与油气藏特征研究基础之上,厘定不同油气藏特征参数,开展成藏动力和阻力恢复研究,剖析不同成藏背景下的动力构成及判识标志,建立成藏动力学模式,有效指导勘探。

具体来说,就是以地质、钻井、测井、地震、分析化验和地层测试资料为平台,按照超压带、过渡带、常压带3种不同环境,以构造、储层、压力静态建模、油气藏特征参数统计和油气藏特征与静态地质要素关系为基础,厘定油气藏特征参数;以古流体压力(压力系数)、古流体势和储层物性恢复及主成藏期动力场结构与演化为核心,以东营凹陷南坡滩坝油藏为切入点,通过不同油藏特征参数与动力场叠合的方法,分析不同成藏环境油气成藏主控因素和成藏机制,从而建立成藏动力学模式,有效指导勘探。具体如图1-3所示。

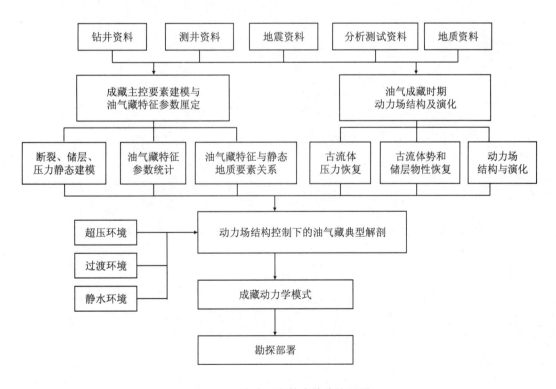

图1-3 本书研究技术路线流程图

第三节　研究目的和意义

综合流体包裹体地质学和成藏动力学等研究手段,结合地震、地质和测井资料,进行滩坝砂油藏静态地质特征分析、滩坝砂油藏成藏期确定、滩坝砂油藏成藏动力解剖及古压力恢复,以古流体压力、古流体势、主成藏期动力构成和演化为核心,通过滩坝砂油藏特征参数与动力场叠合的方法,探讨滩坝砂油藏的成藏动力。

本项目的研究目标是以东营凹陷西部为研究区,在关键地质要素静态建模与油藏特征研究基础之上,运用动静结合、正反演结合的技术和方法,恢复不同超压系统主要成藏时期的成藏动力和阻力,厘定超压带—过渡带—常压带等不同压力环境下油藏微、宏观特征参数,进而分析导致这些特征性差异的成因机制、动力构成及判据,从而建立其油气运聚的动力学控藏模式,科学指导勘探。

第二章　区域地质概况

东营凹陷位于中国东部,构造单元属于东部中、新生代渤海湾裂谷盆地中的一个次级构造盆地(图2-1),整体上东营凹陷是陈南断裂上盘的掀斜半地堑盆地,具有北断南超、西断东超及基底北陡南缓的特点,东接垦东-青坨子凸起,南接鲁西隆起和广饶凸起,西邻青城凸起,北接滨县凸起和陈家庄凸起,为北东走向,东西长约90km、南北宽约65km,面积约5850km²,包括北部陡坡带、利津洼陷、民丰洼陷、中央背斜断裂带、牛庄洼陷、博兴洼陷及南部缓坡带等二级构造单元。

东营凹陷西部主要指东营凹陷中央隆起带以西,包括利津洼陷南部、博兴洼陷(图2-1)。其中,西部地区在利津洼陷和博兴洼陷周围发育了滨南-利津断裂构造带、高青-平南断裂构造带、纯化-草桥断裂构造带和金家-樊家断裂构造带4个主要的次级构造带(图2-1),它们对东营凹陷西部地区沙四上亚段滩坝砂岩的发育、分布及聚集成藏具有重要控制作用。迄今发现的东营凹陷西部沙四上亚段滩坝砂岩类型油藏分布广泛,主要包括滨南油田、平方王油田、小营油田、大芦湖油田、正理庄油田、纯化油田和博兴油田等,勘探价值和潜力十分巨大。

第一节　地层特征

东营凹陷西部发育地层与东营凹陷其他地区基本一致,其中新生界古近系和新近系地层分布普遍,厚度大,是东营凹陷主要的生、储油层系。古近系和新近系地层由老到新分为:孔店组、沙河街组、东营组、馆陶组和明化镇组(图2-2)。其中沙河街组又细分为沙一段、沙二段、沙三段和沙四段,沙四段又包含沙四上亚段和沙四下亚段。本书研究的滩坝砂就是指沙河街组沙四上亚段层位,因此下面主要介绍沙河街组和孔店组的地层特征。

一、孔店组(Ek)

孔店组在研究区均有发育,厚度变化大,最大厚度大于1000m,主要由灰色、深灰色、

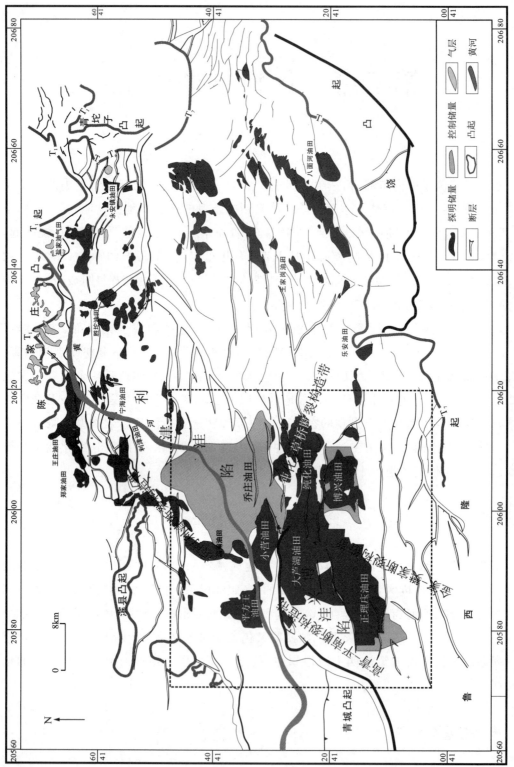

图 2-1 东营凹陷构造位置及西部区域构造图

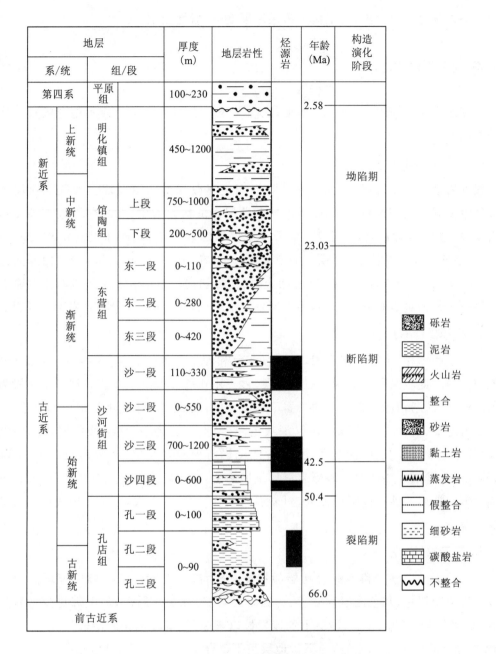

图 2-2 东营凹陷新生界地层综合柱状图

棕红色和紫红色的碎屑岩组成(蔡东梅,2007),自下而上分为:孔三段(Ek_3)、孔二段(Ek_2)和孔一段(Ek_1)。孔三段岩性以灰绿色和紫灰色厚层玄武岩为主,底部夹杂少量紫红色、灰绿色和灰色泥岩或砂质泥岩,顶部夹杂少量薄层碳质泥岩;孔二段下部以灰色泥岩为主,中间以碳质泥岩为主,上部为灰色泥岩与浅灰色砂岩和粉砂岩不等厚互层,中间夹杂油页岩、碳质泥岩或煤层;孔一段岩性主要以砂岩和泥岩不等厚互层为主,其中下部以灰色砂岩为主,自下而上砂层厚度变薄,岩性变细。

二、沙河街组(Es)

研究区内沙河街组分布广泛,厚度较大,与下伏孔店组为整合或不整合接触。岩性上分为四段。

1. 沙四段(Es_4)

根据岩性和生物特征,沙四段又分为沙四上亚段和沙四下亚段。沙四下亚段岩性以紫红色泥岩夹杂棕色粉砂岩、砂质泥岩和薄层碳酸盐岩为主,在北部陡坡带砂砾岩和砂岩发育,砂砾岩含量高,为干旱-半干旱条件下的扇三角洲、浅水湖相沉积(蔡东梅,2007)。沙四上亚段为淡水-半咸水湖相沉积,厚度在100～400m之间,岩性由深灰色泥岩夹生物灰岩、白云岩、油页岩、灰白色盐岩、膏岩和薄层砂岩组成,上部岩性主要以灰色、褐色泥岩、油页岩和灰岩互层,中下部发育盐岩、膏岩,顶部夹生物灰岩和白云岩。

2. 沙三段(Es_3)

沙三段为湖相-半深湖相沉积,岩性以灰色和深灰色泥岩为主,夹杂砂岩、油页岩和碳质泥岩等。此段又可细分为沙三下亚段、沙三中亚段和沙三上亚段。沙三下亚段为深灰色湖相-半深湖相泥岩和褐色油页岩不等厚互层,在陡坡带洼陷带呈楔形加厚趋势,向边缘变薄或缺失;沙三中亚段岩性以深灰色泥岩、油页岩为主,夹杂浊积岩或薄层碳酸盐岩;沙三上亚段以灰色、深灰色泥岩、含油泥岩与粉砂岩互层,夹杂钙质砂岩、含砾砂岩、油页岩和薄层碳酸盐岩。砂砾岩以反旋回为主,砂泥岩顶部常发育钙质砂岩、含砾砂岩或者鲕状灰岩。沙三段暗色泥岩、页岩有机碳含量高、厚度大,是本区中浅层油气藏的主要烃源岩。

3. 沙二段(Es_2)

沙二段岩性以砂岩和砂泥岩互层为特征,分为沙二上和沙二下两个亚段。沙二下亚段岩性以灰绿色、灰色泥岩和砂岩、含砾砂岩互层,夹杂碳质泥岩,上部见少量紫红色泥岩,厚度在1～200m左右;沙二上亚段岩性以灰绿色、紫红色泥岩与砂岩互层,夹杂钙质砂岩、含砾砂岩和含鲕砂岩,与下伏地层呈不整合接触。

4. 沙一段(Es_1)

沙一段为浅湖相沉积,与沙二段为连续沉积,岩性主要以灰色或褐色泥岩、含油泥岩、碳酸盐岩和油页岩为主。由于泥岩广泛发育,沙一段是研究区的区域盖层,为沙二段油气藏的形成提供有效的封挡作用。

第二节　构造特征及演化

一、构造特征

东营凹陷西部在构造上可以划分为七个构造带：鲁西隆起、青城凸起、博兴洼陷南坡、金家-樊家鼻状构造带、纯化-草桥鼻状断裂构造带、滨县凸起、平方王古潜山披覆构造带，构造特征表现为"北陡南缓"。

博兴洼陷的盆地基底面和盖层岩层的倾斜角度较陡，基底岩层内发育共轭正断层构成地堑—地垒式构造，其新生代盖层地层内部发育顺向盆倾的滑脱正断层，形成断阶式组合。博兴洼陷在构造上整体表现为南高北低的大型斜坡，控洼断层是博兴断层、石村断层和高青平南断层（图 2-3）。利津洼陷在沙四段晚期主要发育大量的同生沉积断层，控洼断层为滨南断裂、利津断裂、胜北断裂及中央断裂带，利津洼陷中部的郝家构造带将利津分为两个部分。

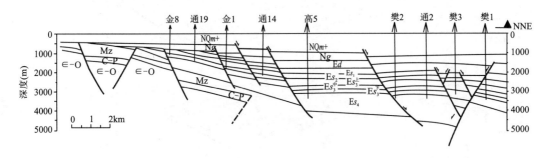

图 2-3　博兴洼陷构造剖面图（据操应长，2007[①]）

二、构造演化

东营凹陷从形成到消亡经历了早期裂陷到晚期坳陷两个大的构造旋回，大致可分为四个构造演化阶段（图 2-4）。

第一演化阶段：初始裂陷期（中生界）。受郯庐断裂带活动影响，在区域应力场作用下发育了多组正断层及走滑正断层，并控制形成了晚侏罗世—早白垩世裂陷盆地。

第二演化阶段：裂陷期（孔店组—沙四段）。在 NNE-SSE 向的应力场作用下早期形成的断层发生继承性活动，部分断层位移增大演化为东营凹陷的主要边界断层，南部

[①] 操应长．博兴洼陷及周缘地区沙四上滩坝砂体成因机制研究，中国石油大学（华东）地球资源与信息学院，中石化胜利油田股份公司地科院，2007 年 8 月，内部报告．(后同)

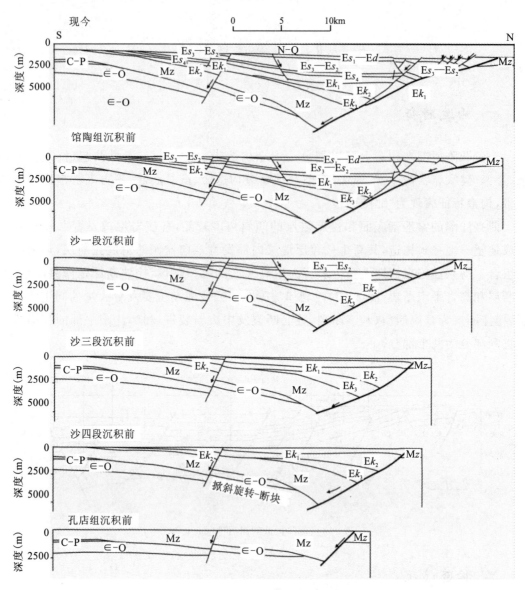

图 2-4 东营凹陷南北向剖面构造演化图（据操应长，2007①）

斜坡带形成且坡度较小。这一阶段可分为早期裂陷幕（孔店组）和晚期裂陷幕（沙四段）两个裂陷期，发育两个沉降中心，分别位于石村断裂和陈南断裂的南侧，凹陷整体表现为博兴地堑式断陷和北部半地堑式断陷两个相对独立单元。

第三演化阶段：断陷期（沙三段—东营组）。此阶段应力场转为 NW-SE 向的拉伸作用，在沙三段沉积时期，东营凹陷主要边界断层表现为伸展性质，其南部斜坡带开始发生向北倾斜的掀斜运动，到沙二段沉积后掀斜运动加剧，且内部中央构造带开始发育，发育了大量的近东西向盖层反向正断层及一些反向调节正断层。博兴洼陷与东营北部洼陷融为一体，沉积中心向西迁移至利津洼陷内。

第四演化阶段:坳陷期(新近系—第四系)　该阶段发生的区域性隆升使南部斜坡带遭受剥蚀,受差异压实的影响南部斜坡带的掀斜运动仍发生但是比较轻微,部分正断层发生压实位移。这一阶段可分为热沉降幕(馆陶组)和加速沉降幕(明化镇组—第四系),热沉降幕阶段区域构造变形场为调整阶段,垂向重力控制了凹陷的构造变形,加速沉降幕阶段沉降速率加快,坳陷作用对凹陷的构造变形起主要控制作用,到第四系出现新的构造运动,导致东营凹陷发育北东向呈右旋剪切的断裂。

第三节　沉积特征

一、层序地层划分

东营凹陷在古近系可划分为4个二级层序,分别为孔店组、沙四段、沙三段—沙二下段及沙二上段—东营组,东营凹陷西部作为其中的一部分也遵循此划分方案。通过全面分析测井、地震等资料,东营凹陷西部沙四上亚段可划分为两个三级层序:层序1对应沙四上纯上段,层序2对应沙四上纯下段,其各自特点如下(操应长,2007[①])。

层序1:顶界面为沙四段与沙三段之间的分界面(T_6界面),底界面为纯上亚段与纯下亚段分界面(T_7界面);在沉积特征上,其垂向上表现反粒序结构:下部沉积物粒度细,以发育泥岩、油页岩为主,夹少量砂岩及粉砂岩,砂泥比较低;上部沉积物粒度较粗,以砂岩、粉砂岩为主,夹少量泥岩,砂泥比较高,向上砂泥比表现为增大趋势;根据地震响应及沉积物特征分析,此层序可分为两个次级层序,由湖进体系域和湖退体系域组成,分别对应了相对湖平面快速上升和快速下降的沉积,并沉积了一套退积式准层序组和一套进积式准层序组;

层序2:顶界面为纯上亚段与纯下亚段分界面(T_7界面),底界面为沙四上纯下段与沙四下段之间的分界面(T_8界面);在沉积演化上,层序2经历了早期湖平面低位稳定沉积阶段、中期湖平面上升沉积阶段和晚期湖平面高位相对稳定沉积阶段,随后进入快速湖进时期,发育了层序1,缺失了晚期的湖平面快速下降沉积阶段,所以层序2可分为3个次级层序,即低位体系域、湖侵体系域和高位体系域。

二、沉积特征及演化

沉积环境决定沉积相的类型及其分布。东营凹陷西部孔店组处于盆地初始沉降期,且在干旱条件下,主要发育了河流相和滨浅湖相沉积;沙河街组沉积时期随着盆地的断陷作用逐渐加强,形成多个湖侵-湖退旋回,发育了从咸水至淡水的多种湖泊相沉积,且沙河街组与孔店组呈不整合接触。

沙四下亚段沉积时期,气候干旱,在洼陷四周部位发育巨厚的红色冲积扇,在洼陷中心间歇性沉积了盐湖相的泥岩和膏盐岩,下部主要发育紫红色和灰绿色泥岩,夹棕褐色、紫红色粉砂岩、含膏泥岩、含砾砂岩及薄层碳酸盐岩,上部主要发育蓝灰色泥岩夹薄层的灰质砂岩,局部发育石膏团块。

沙四上亚段沉积时期,处于湖盆断陷初期,气候湿润,湖盆面积扩大但湖水较浅,物源供给减少,形成了薄层且分布面积较广的滩坝砂沉积,仅在洼陷中心发育半深湖-深湖相暗色泥岩沉积。根据岩石特性可将其分为纯下次亚段和纯上次亚段。纯下次亚段沉积时期,湖盆开始扩张,湖平面处于相对上升阶段,博兴洼陷和利津洼陷的西南部、西部处于广阔的滨浅湖环境,来自鲁西隆起、青城凸起及滨县凸起的物源,在博兴洼陷南部和西部发育河流三角洲沉积,滨县凸起南部发育扇三角洲沉积,这些砂体在湖浪及沿岸流的作用下改造,在博兴洼陷南部斜坡和利津洼陷西南部缓坡带发育滨浅湖相碎屑岩滩坝沉积;在物源缺乏区,发育碳酸盐岩滩坝沉积,岩性以褐灰色泥岩、灰质泥岩、灰质粉砂岩及粉砂岩为主。纯上次亚段沉积时期,处于持续扩张演化阶段,湖平面不断上升,半深湖-深湖范围逐渐扩大,滨浅湖沉积区减小且沉积作用减弱,博兴南部斜坡带物源供给减少,三角洲发育数量及规模减少,滨浅湖相滩坝沉积范围减少,岩性主要以油页岩、褐灰色厚层灰质页岩、灰质泥岩、泥质粉砂岩、粉砂岩及泥质白云岩为主。沙四上亚段是东营凹陷西部主要烃源岩分布层位之一。

沙三段沉积时期,气候湿润,随着基底持续沉降,湖盆大面积地区为半深湖-深湖,主要发育滨浅湖相、半深湖相和深湖相沉积。以暗色砂泥岩沉积为主,岩性主要为灰色-深灰色泥岩夹砂岩、碳质泥岩和油页岩。沙三下亚段是东营凹陷西部另一主要烃源岩分布层位。

东营凹陷西部滨浅湖相滩坝砂沉积在平面上与河流相三角洲共生,发育在三角洲沉积体的前缘及侧缘地区,在三角洲沉积体的前缘地区发育范围较大,部分缺乏河流相三角洲沉积体的部位,也发育呈孤立状的滩坝砂沉积;在垂向上的演化具有继承性和相对稳定性,其演化类型可分为4种,分别是河流相三角洲沉积-滨浅湖相滩坝沉积、正常滨浅湖相沉积-碎屑岩滩坝沉积、滨浅湖相碎屑岩滩坝沉积和碳酸盐岩滩坝沉积-碎屑岩滩坝沉积。

沙四上纯上次亚段主要以滨浅湖相沉积为主,滩坝分布范围较小,主要分布在滨南东部、小营、纯化、博兴和大芦湖南部等区域(图2-5);沙四上纯下次亚段主要以滩坝相沉积为主,滩坝分布范围最广,滩砂覆盖了整个博兴和利津洼陷大部分区域,坝砂主要集中在大芦湖及其东侧、纯化、博兴及滨南的东部(图2-6)。从油藏分布来看,油藏主要分布在坝相中,可见滩坝展布控制着油藏分布。

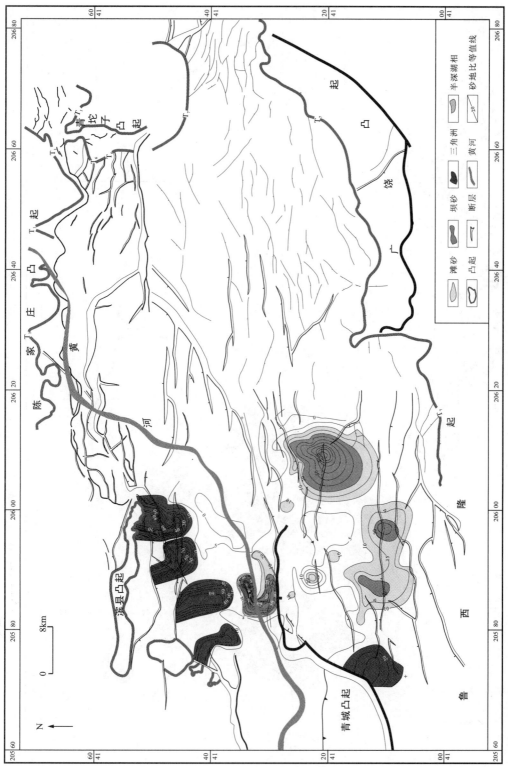

图 2-5 东营凹陷西部沙四上亚段纯上次亚段滩坝沉积相平面分布图

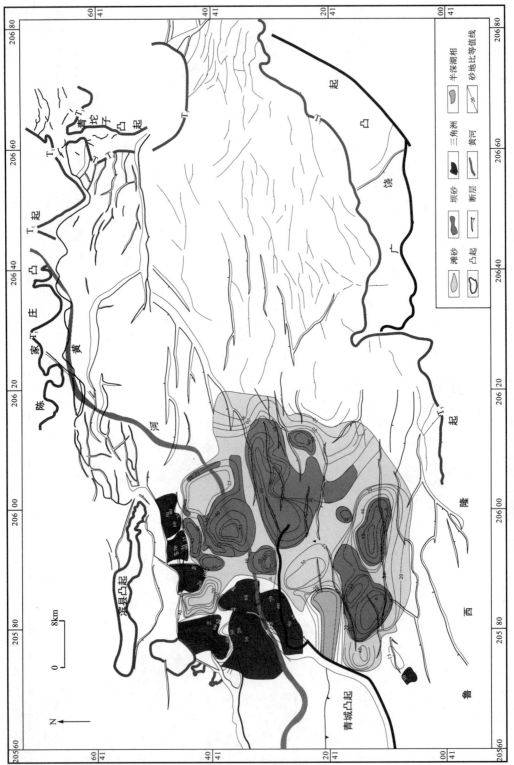

图 2-6 东营凹陷西部沙四上亚段纯下次亚段滩坝沉积相平面分布图

第四节　石油地质特征

一、烃源岩特征

东营凹陷西部的主力生油层为沙三中下段和沙四上纯上次亚段烃源岩。沙四上纯上次亚段烃源岩以深灰色泥岩、油页岩及碳质泥岩为主,夹薄层白云岩、白云质灰岩,厚度为100～250m,属半咸水-咸水、半深湖-深湖相沉积。镜质体反射率大都分布在0.5%～0.7%之间,有机质含量丰富,为富含藻类的腐泥型,干酪根以Ⅰ型为主,有机碳含量在0.51%～6.39%之间,为一套优质烃源岩。这套烃源岩生烃强度最大的地区是利津洼陷,在博兴洼陷主要成带分布。根据油源对比结果和这套烃源岩与下部(纯下亚段)的储集层直接接触关系,认为滩坝砂油藏的油气主要来源于这套烃源岩,在博兴洼陷还直接控制着滩坝砂油藏的分布。

沙三中段烃源岩发育在微咸水深湖环境,以暗色泥岩、灰褐色油页岩为主,厚度约为200～300m,有机碳含量为3.0%～5.0%,有机质丰度和成熟度高,以Ⅰ型干酪根为主,镜质体反射率也分布在0.5%～0.7%之间,但比沙四上纯上次亚段烃源岩的分布范围小。其生烃强度最大的地区仍为利津洼陷,博兴洼陷次之。

沙三下段烃源岩以发育深灰色泥岩为主,属深湖相沉积,厚度为250～400m,有机碳含量为1.0%～2.5%,有机质含量丰富,干酪根主要以Ⅰ型和Ⅱ$_1$型为主,其生烃强度小于沙三中段和沙四上纯上亚段烃源岩,生烃最大地区仍为利津洼陷。

沙四上纯上次亚段烃源岩及原油和沙三中下段烃源岩及原油具有不同的特点,分别表现为植烷优势及高含量的伽马蜡烷,姥鲛烷优势及低含量的伽马蜡烷,根据这种不同层位的烃源岩和原油的不同特点可以区分滩坝砂油藏中的原油来自于哪套烃源岩。

二、储集层特征

东营凹陷西部沙四上亚段滩坝储层岩性以细砂岩和粉砂岩为主,其结构成熟度和成分成熟度较高;物性较好,发育原生孔隙和次生孔隙,储集空间以溶解孔隙和构造裂缝为主,还存在压实残余原生孔隙及胶结残余原生孔隙;孔隙结构表现为以中高孔中高渗中喉型为主,高孔高渗粗喉型及中低孔中低渗中细喉型常见,低孔低渗特细喉型很少的特点。

田美荣(2008)系统分析了东营凹陷西部沙四上亚段滩坝砂的储集空间特征、孔隙结构类型及其控制因素,将滩坝砂储集空间分为孔隙型和裂缝型两种类型,发育的孔隙主要有原生孔隙(包括压实残余孔隙、胶结残余孔隙)、粒间溶解孔隙和构造裂缝等次生孔隙,其孔隙结构以中高孔中高渗中喉型为主;操应长等(2009)确定了东营凹陷南斜坡地区沙四上亚段滩坝砂体在不同深度范围内的有效储层的物性下限,认为沉积微相和砂体的厚度控制了研究区滩坝砂体的储层有效性,有利储层发育区是滩坝砂体中发育的坝主体和滩脊微相,而成岩作用和地层压力对砂体有效性的影响弱于沉积微相对砂体有效性影响;李秀华等(2001)归纳总结了博兴洼陷滩坝砂储集层发育的5个有利区带并进行了储层预测,分析了控制滩坝砂中油气分布与富集成藏的因素,指出构造与储集层的匹配关系是油气富集的关键;李靓(2009)阐明东营凹陷缓坡带滩坝砂优质储层主要发育在北部、西部和中部地区,其发育各有特点;王林等(2007)通过对博兴洼陷滩坝砂油藏的分析,认为滩坝砂油藏内油气富集成藏主要受沙四上亚段油源、滩坝储层特征、断裂输导体系以及地层异常压力等因素的控制;孙锡年等(2003)分析了滩坝砂沉积环境,并研究了滩坝砂体的展布规律、滩坝砂油藏的成藏条件及油气富集规律,指出博兴洼陷沙四段纯上亚段的烃源岩是主要的油气来源,厚度大的坝砂微相砂岩储集体是主要的储集空间,构造作用形成的断裂为主要的运移通道;邹灵(2008)对东营凹陷南部缓坡带沙四段滩坝砂油气藏进行了分析,确定了滩坝砂储层的展布规律,并厘定了储层的控制因素,明确了滩坝砂油藏的必要条件。

三、盖层特征

东营凹陷西部的区域性盖层主要有沙三段、沙一段以及馆陶组。沙三段泥岩厚度较大,分布范围广,且发育异常高压,封盖条件良好,成为了控制研究区滩坝砂油藏油气富集的重要因素。

上生下储和自生自储是东营凹陷西部滩坝砂油藏主要的生、储、盖配置方式。构造作用形成的断裂为上部的油气向下部的储集层运移提供了通道,同时这些纵向上延伸较短的断层和表现为封闭性的断层为油气的保存提供了很好的条件,形成了一些构造油气藏。研究区滩坝砂油藏类型主要为构造-岩性油气藏,其次是构造油气藏及岩性油气藏。

第三章　滩坝砂油藏静态地质特征

第一节　滩坝砂油藏分布特征

东营凹陷西部沙四上亚段的滩坝砂油藏分布广泛,围绕洼陷中心呈环带状分布,主要包括滨南、小营、大芦湖、纯化及博兴等油田(图2-1和图3-1)。不同洼陷滩坝砂油藏分布也不一样,利津洼陷已探明的滩坝砂油藏主要分布在洼陷西部断裂不发育地区,油水层主要呈环带状分布在靠近洼陷一侧。利津洼陷南缘梁家楼断裂带上主要以油水层为主,断裂对油气运移以封堵作用为主。博兴洼陷滩坝砂油藏受控于断裂分布,石村断裂带的西部及高青断裂带控制博兴洼陷滩坝砂油藏分布,特别是石村断裂带对大芦湖油田的形成具有重要的作用。在空间分布上沙四上纯上亚段和沙四上纯下亚段具有明显的不均一性。根据测试数据和储量报告,对沙四上亚段滩坝砂油藏的空间分布特征及其规律做了详细的统计分析。

一、沙四上纯上亚段油藏

沙四上纯上亚段油藏发育较少、面积较小,主要分布在利津洼陷西部、梁家楼构造带南部及靠近博兴洼陷的南斜坡带上(图3-2)。从油藏分布范围来看,纯上亚段油藏靠近生油中心,反映了油气近距离运移的趋势。目前确认的利津洼陷沙四上纯上亚段油藏受滩坝砂体的控制较弱,油藏主要发育在滨县凸起南部三角洲沉积体;梁家楼构造带沙四上纯上亚段油藏主要受控于滩坝砂体展布,油藏主要分布于坝砂体内(图3-3);博兴石村断层西部沟通油源和纯上滩坝砂体从而使油气在断裂局部靠近滩坝砂体区域成藏(图3-3)。

二、沙四上纯下亚段油藏

从东营凹陷西部沙四上纯下亚段油藏平面分布图中可以看出,沙四上纯上亚段是沙四上段滩坝砂油藏发育的主体层位,该层系油藏数量比纯上亚段油藏明显增多、分布

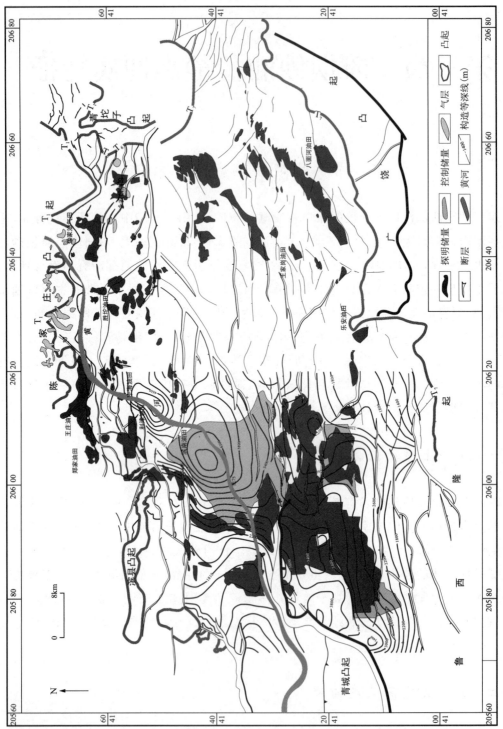

图 3-1 东营凹陷西部沙四上亚段滩坝砂油藏平面分布图

第三章 滩坝砂油藏静态地质特征

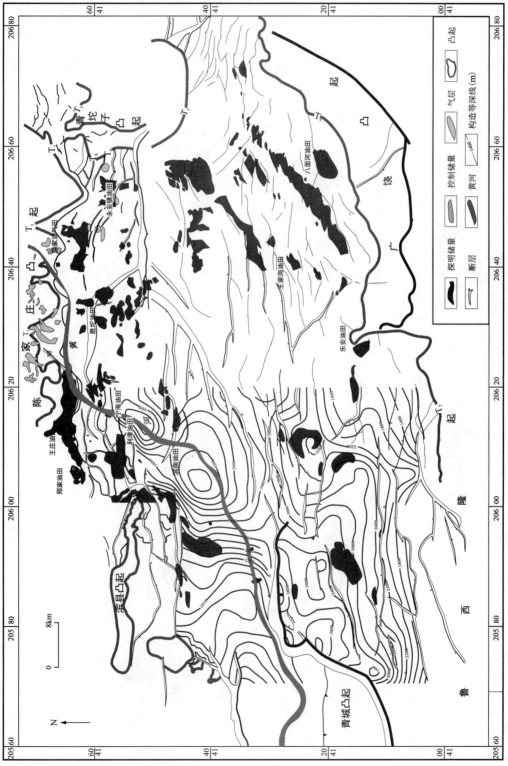

图 3-2 东营凹陷西部沙四上纯上次亚段滩坝砂油藏平面分布图

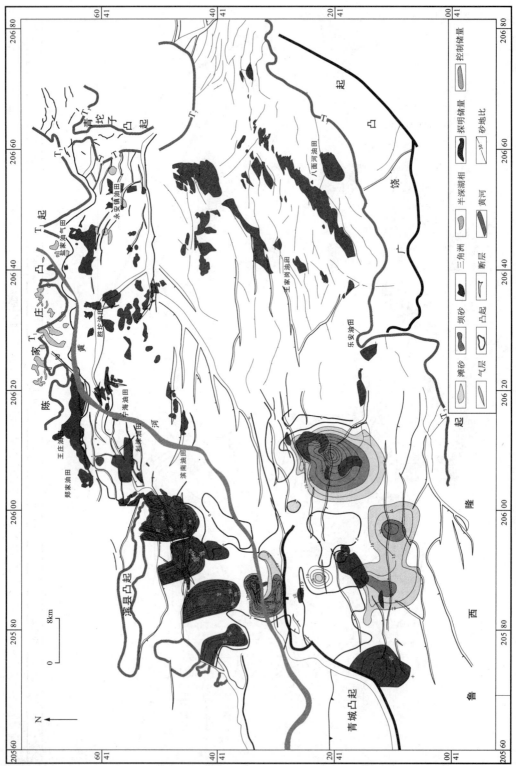

图 3-3 东营凹陷西部沙四上纯上次亚段油藏平面分布与滩坝砂体展布叠合图

规模增大。已发现的纯下亚段油藏分布比较集中,主要分布在博兴洼陷边缘斜坡带和利津洼陷西南斜坡上,其中博兴滩坝砂油藏分布面积最大(图3-4)。从沙四上纯下亚段油藏平面分布和砂体展布图(图3-5)可知,纯下油藏主要分布在坝砂体内,如大芦湖油田、纯化油田、小营油田及滨南油田等,体现了明显的沉积相控制滩坝砂成藏作用。

总之,东营凹陷西部沙四上亚段滩坝砂油藏主要分布在生烃灶的周围。距离烃源灶较近,油源充注,在断层或者砂体输导条件下油气很容易在利津的滩坝砂体中聚集成藏。

第二节　油藏流体性质

原油的物理性质取决于生油母质、演化程度和次生变化等因素,并与油藏的油源特征、埋藏条件、运移聚集条件及保存条件有关,是原油化学性质的表征。根据构造特征将东营凹陷西部划分为滨南-利津断阶构造带和博兴断阶构造带两个构造带,下面分别讨论它们在各方面的性质。

一、原油的密度和黏度

东营凹陷西部原油密度分布范围较广,博兴断阶构造带主要分布在 $0.86\sim 0.9\mathrm{g/cm^3}$ 之间,滨南-利津断阶构造带主要分布在 $0.82\sim 0.94\mathrm{g/cm^3}$ 之间,以轻质油为主,其次是中质油,重质油含量最少;研究区的原油黏度变化范围较大,在 $0.81\sim 23\,073\mathrm{mPa\cdot s}$ 之间均有分布,主要分布在 $2\sim 803\mathrm{mPa\cdot s}$ 之间。相对密度与黏度呈指数关系,随着密度的增大黏度会急剧升高。研究区原油相对密度较低,黏度相应较小。平面上轻质油分布在洼陷中心附近并呈环带状分布,相对密度较高的原油则分布在洼陷边缘的构造高部位(图3-6)。

二、原油的含硫量

东营凹陷西部的原油含硫量一般不超过0.5%,主要为低硫原油。博兴断阶构造带的原油含硫量范围比较广,在0.01%~1.5%均有分布,且分布在1%~1.5%的数量比滨南-利津断阶构造带要多(图3-7)。由于硫大量存在于原油的重质组分(胶质、沥青质等)中,所以原油含硫量与其相对密度存在正相关关系,随着原油相对密度增大,其含硫量也增加。研究区原油以轻质油为主,为低硫原油,验证了这一结论。

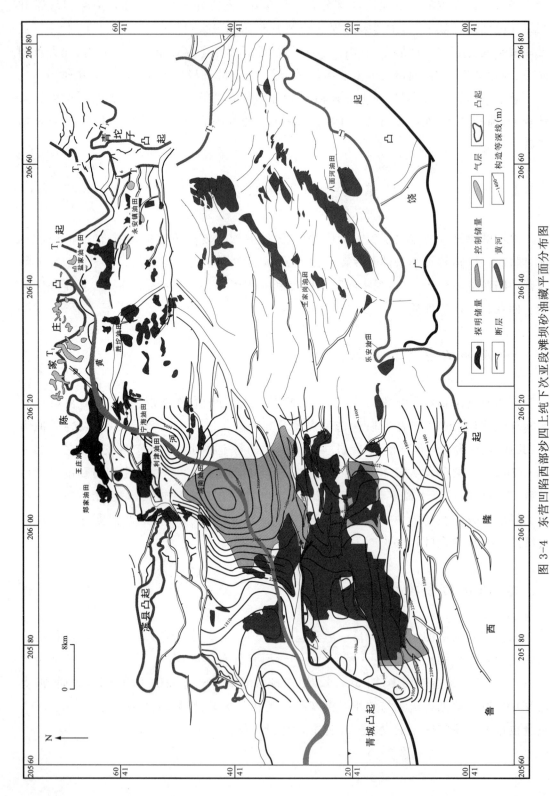

图 3-4 东营凹陷西部沙四上纯下次亚段滩坝砂油藏平面分布图

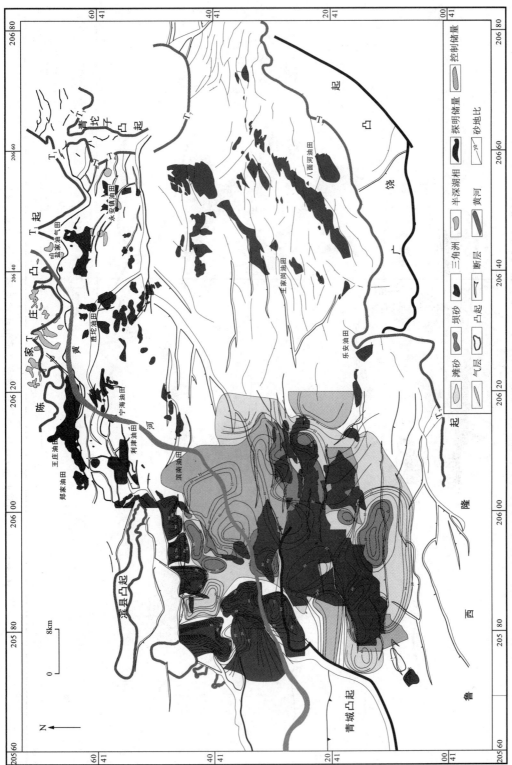

图 3-5 东营凹陷西部沙四上纯下次亚段油藏平面分布与滩坝砂体展布叠合图

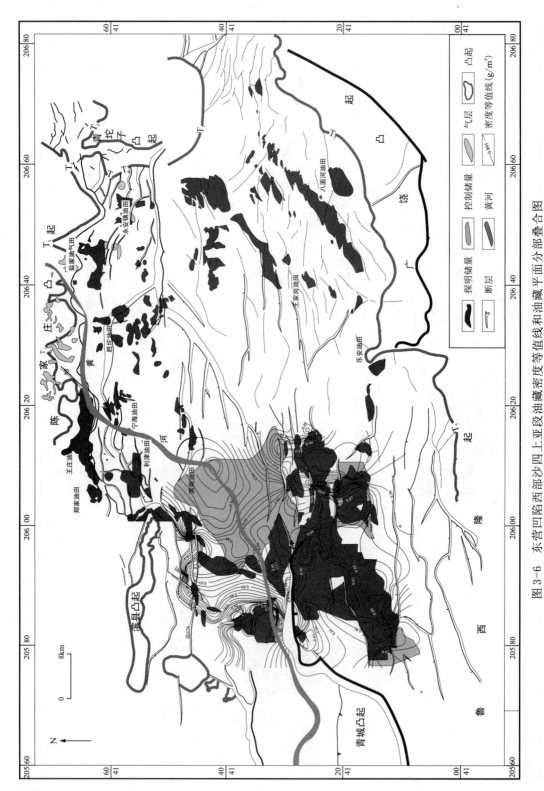

图 3-6 东营凹陷西部沙四上亚段油藏密度等值线和油藏平面分部叠合图

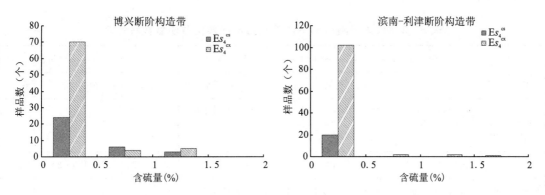

图3-7 东营凹陷西部不同构造带滩坝砂油藏原油含硫量分布频率直方图

三、原油的凝固点和含蜡量

东营凹陷西部原油凝固点的变化范围较大,从原油凝固点分布频率直方图上可以看出,原油的凝固点从-20~55℃均有分布,但是主要分布在20~40℃之间(图3-8)。其中博兴断阶构造带原油凝固点的分布比较集中,在30~40℃内。从原油的含蜡量数据分析上得出,原油含蜡量分布在0~29.3%之间,表现为低蜡原油。

表3-1和表3-2系统总结了东营凹陷沙四上纯上、纯下及不同构造带原油物性参数。

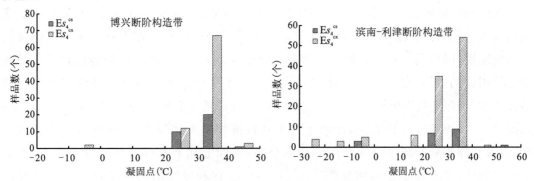

图3-8 东营凹陷西部不同构造带滩坝砂油藏原油凝固点分布频率直方图

表3-1 东营凹陷西部不同层位原油参数统计表

层位	20℃密度(g/cm³)		动力黏度(mPa·s)		凝固点(℃)		含硫量(%)		含蜡量(%)	
	范围	平均值	范围	平均值	范围	平均值	范围	平均值	范围	平均值
Es_4^{cs}	0.8414~0.9986	0.8811	6.18~23 073	895.69	-6~55	29.43	0~1.55	0.2649	/	/
Es_4^{cx}	0~0.9585	0.8374	0~11 168	214.8	-20~42	28.42	0~1.17	0.1763	0~29.3	2.27
Es_4	0~0.9783	0.8341	0~24 282	977.81	-10~50	23.32	0~2.78	0.455	0~54.03	1.634
Es_4^s	0.8551~0.957	0.8817	8.75~1010	55.27	0~39	31.95	0~1.9	0.3537	0~29.3	2.27

表3-2　东营凹陷西部不同断裂带不同层位原油参数统计表

构造带	层位	20℃密度(g/cm³)		动力黏度(mPa·s)		凝固点(℃)		含硫量(%)		含蜡量(%)	
		范围	平均值	范围	平均值	范围	平均值	范围	平均值	范围	平均值
博兴断阶构造带	Es_4^{cs}	0.839~0.950	0.877	8.94~196	35.6	22~49	32.4	0.08~1.38	0.4	0~29.3	1.1
	Es_4^{cx}	0.838~0.905	0.872	0~398	27.7	0~41	33.2	0~1.32	2	0~23.16	0.5
	Es_4^s	0.838~0.952	0.874	0~1010	35.9	0~49	32.5	0~1.38	0.304	0~29.3	1.2
滨南—利津断阶构造带	Es_4^{cs}	0.841~0.999	0.888	6.18~23 073	1723.1	-6~55	26.9	0~1.55	0.20	0	0
	Es_4^{cx}	0.745~0.9595	0.853	0~11 168	301.2	-20~42	25.6	0~1.1	0.13	0~12.4	4
	Es_4^s	0.745~0.999	0.864	0~23 073	495.6	-20~55	26.4	0~1.9	0.16	0~24.2	0.5

第三节　滩坝砂油藏储层特征

一、储层砂体的展布

在陆相断陷湖盆中,滩坝砂体的平面分布受古地貌、古水动力条件、古基准面的变化以及古沉积物的供给条件等因素的控制。东营凹陷西部在沙四上亚段为断陷湖盆的初始断陷期,因早期沉积充填形成了相对平缓的古地形,加上来自周缘地区相对充足的陆源碎屑物的供给,在此广泛发育了滨浅湖相的滩坝砂沉积。利用钻井的岩性数据和砂体厚度"坝厚滩薄"的特点,分别做出了沙四上亚段纯上和纯下的沉积相展布图(图2-5、图2-6)。从图中可以看出,沙四上纯下亚段滩坝砂发育较多、砂体厚且分布比较广泛,在博兴洼陷和利津洼陷的西南部均有分布;沙四上纯上亚段滩坝砂发育较少,大多为薄层砂体,主要分布在博兴洼陷南部斜坡地区,在利津洼陷西南部仅在小片区域发育。这是因为沙四上纯下亚段是东营凹陷的初始断陷期,经历了由早期干旱气候向潮湿气候的转变,加之相对平缓的古地貌形态,决定了广阔的湖区以滨浅湖相的滩坝砂体沉积为主;沙四上纯上亚段时期总体上处于湖平面上升、湖盆持续扩张的演化阶段,随着盆地演化水体不断加深、半深湖-深湖区不断扩大,滨浅湖沉积逐步减弱,具体表现为:滨浅湖相滩坝砂体的沉积范围和沉积规模减小。

图3-9、图3-10分别为沙四上纯上和纯下亚段砂体厚度等值线分布图,图3-9中纯上砂体分布范围较小,一般为十几米到二十几米厚,砂体分布控制着纯上亚段油藏的分布,油藏主要分布在几个砂体比较厚的地方。由图3-10中纯下砂体等厚图可见,纯下亚段砂体极为发育,砂体发育主要受控于沙四上纯下时期滩坝相的分布,结合图2-6

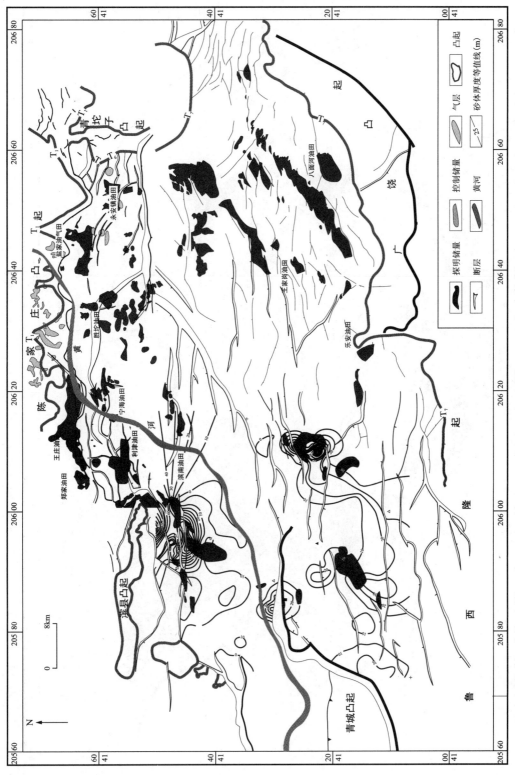

图 3-9 东营凹陷西部沙四上纯上次亚段砂体等厚图

图 3-10 东营凹陷西部沙四上纯下次亚段砂体等厚图

滩坝砂沉积相展布图可见滩坝砂的砂体厚度都在20m以上,滩砂厚度在20～35m之间,坝砂厚度大于35m。

二、储层物性及含油饱和度特征

对东营凹陷西部不同构造带(表3-3)滩坝砂油藏储层的物性及含油饱和度及温压进行统计分析(表3-3)得出:博兴断阶构造带中沙四上亚段纯上次亚段的孔隙度范围为0.3%～30.3%,平均值为12.95%,为中等孔隙度;渗透率范围为(0.007～102.0)×$10^{-3}\mu m^2$,平均值为$8.7×10^{-3}\mu m^2$,为较差渗透率;油藏温度范围在82～152℃之间,平均值为113.8℃;油藏处于常压和超压两个压力系统中,其压力系数范围为0.87～1.70,平均值为1.2;油藏含油饱和度范围较大,平均值为39.9%。博兴断阶构造带中沙四上亚段纯下次亚段的孔隙度范围为0.9%～25.4%,平均值为13.07%,为中等孔隙度;渗透率范围为(0.002～221.2)×$10^{-3}\mu m^2$,平均值为$12.9×10^{-3}\mu m^2$,为较差—中等渗透率;油藏温度范围在71～149℃之间,平均值为87.9℃;油藏处于常压和超压两个压力系统中,其压力系数范围为0.82～1.56,平均值为1.22;油藏含油饱和度范围较大,平均值为31.1%。由此可以看出,博兴断阶构造带纯下次亚段的孔隙度和渗透率较好于纯上次亚段的,油藏温度偏低,含油饱和度也低于后者的。

滨南-利津断裂阶状构造带沙四上亚段纯上次亚段的孔隙度范围为0.2%～42.1%,平均值为18.97%,为中等孔隙度,部分孔隙度级别为很好;渗透率范围为(0.005～9323)×$10^{-3}\mu m^2$,平均值为$129.0×10^{-3}\mu m^2$,为中等渗透率;油藏温度范围在78～132℃之间,平均值为86.3℃;油藏处于常压压力系统中,其压力系数范围为0.42～1.27,平均值为0.98;油藏含油饱和度范围较大,平均值为42.7%。沙四上亚段纯下次亚段的孔隙度范围为1.6%～33.5%,平均值为16.53%,为中等孔隙度;渗透率范围为(0.006～796.5)×$10^{-3}\mu m^2$,平均值为$22.5×10^{-3}\mu m^2$,为较差—中等渗透率;油藏温度范围在21～166℃之间,平均值为87.4℃;油藏处于常压和超压两个压力系统中,其压力系数范围为0.67～1.57,平均值为1.16;油藏含油饱和度范围较大,平均值为32.6%。由此可以看出,纯上次亚段为中孔中渗储层,其渗透率好于纯下次亚段的,而纯上油藏处于常压压力系统中,纯下油藏则处于常压和超压两个压力系统中,油藏的温度比较相似,但是纯上油藏的含油饱和度高于纯下油藏。

研究区储层含油饱和度集中分布在30%～50%之间,其与压力系统的关系是:压力系数在0.8～1.2之间和1.2～1.5之间时含油饱和度主要分布在30%～50%之间,压力系数大于1.5时含油饱和度主要分布在10%～30%之间(图3-11)。

表3-3 东营凹陷西部不同构造带油藏物性统计表

构造带	层位	孔隙度(%)		渗透率(×10⁻³μm²)		温度(℃)		压力系数		含油饱和度(%)	
		范围	平均值	范围	平均值	范围	平均值	范围	平均值	范围	平均值
博兴断阶构造带	Es_4^{cs}	0.3~30.3	12.95	0.007~102.0	8.7	82~152	113.8	0.87~1.70	1.2	18~66.6	39.9
	Es_4^{cx}	0.9~25.4	13.07	0.002~221.2	12.9	71~149	87.9	0.82~1.56	1.22	15~57.93	31.1
	Es_4^s	0.3~30.3	12.99	0.002~221.2	11.0	71~152	71.2	0.82~1.70	1.21	5.3~67.7	37.6
滨南—利津断阶构造带	Es_4^{cs}	0.2~42.1	18.97	0.005~9323.7	129.0	78~132	86.3	0.42~1.27	0.98	8.28~69	42.7
	Es_4^{cx}	1.6~33.5	16.53	0.006~796.5	22.5	21~166	87.4	0.67~1.57	1.16	5.8~71.5	32.6
	Es_4^s	0.2~42.1	16.93	0.005~9323.7	52.6	21~166	73.0	0.42~1.57	1.11	5.8~71.5	35.7

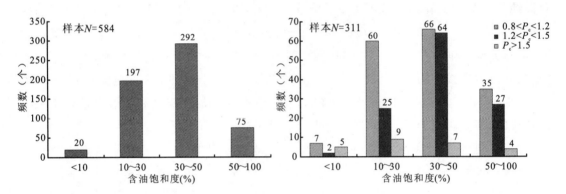

图3-11 东营凹陷西部不同压力系统滩坝砂油藏含油饱和度分布频率直方图(P_c为压力系数)

滩坝砂是滩砂和坝砂的总称,根据相带的不同在不同构造带中分析储层物性及油藏中的含油饱和度信息(表3-4),从中可以看出:滨南-利津断阶构造带的坝亚相孔隙度范围为1%~42.1%,渗透率范围为(0.006~9323.66)×10⁻³μm²,为中孔中渗储层,且纯上的孔隙度和渗透率均好于纯下的;含油饱和度范围为7.6%~63.4%,纯上和纯下油藏的含油饱和度相等。滨南-利津断阶构造带的滩亚相仅分布在纯下次亚段中,其孔隙度范围为2.3%~27.3%,渗透率范围为(0.0169~376.166)×10⁻³μm²,为中孔较差渗透率储层,含油饱和度范围为5.8%~54.9%,平均值为27.63%。可以得知,坝亚相的孔隙度和渗透率比滩亚相的要好。

博兴断阶构造带的坝亚相的孔隙度范围为1.9%~25.4%,平均值为12.175%,渗透率范围为(0.002~97)×10⁻³μm²,平均值为7.578×10⁻³μm²,为中孔较差渗透率储层,且纯上的孔隙度和渗透率均好于纯下的,其油藏含油饱和度较高,平均值为40.3%。博兴断阶构造带的滩亚相的孔隙度范围为0.9%~24.4%,平均值为13.616%,渗透率范围为(0.002~279.543)×10⁻³μm²,平均值为15.736×10⁻³μm²,为中孔中渗储层,且纯上的孔隙度和渗透率较差于纯下的,含油饱和度平均值为34.04%,纯上油藏的含油饱和度高于纯下油藏的。由此可以看出,此构造带中滩亚相的孔渗好于坝亚相的孔渗,但是坝亚相中的油藏含油饱和度高于滩亚相的。

表3-4 东营凹陷西部不同构造带不同相带储层物性统计表

构造带	亚相	层位	孔隙度(%)		渗透率(×10^{-3}μm^2)		含油饱和度(%)	
			范围	平均值	范围	平均值	范围	平均值
滨南-利津断阶构造带	坝	Es$_4^{cs}$	1~42.1	23.347	0.0148~9323.66	166.66	8.28~17.85	14.56
		Es$_4^{cx}$	1.6~29.4	14.12	0.006~562.862	8.996	7.6~63.4	14.56
		Es$_4^s$	1~42.1	16.038	0.006~9323.66	42.544	7.6~63.4	33.57
	滩	Es$_4^{cs}$	—	—	—	—	—	—
		Es$_4^{cx}$	2.3~27.3	16.611	0.0169~376.166	36.866	5.8~54.9	27.63
		Es$_4^s$	2.3~27.3	16.611	0.0169~376.166	36.866	5.8~54.9	27.63
博兴断阶构造带	坝	Es$_4^{cs}$	2.51~23.7	13.442	0.007~97	13.725	18~58	38.05
		Es$_4^{cx}$	1.9~25.4	10.888	0.002~81.6	3.76	15.1~57.93	39.32
		Es$_4^s$	1.9~25.4	12.175	0.002~97	7.578	5.3~67.7	40.3
	滩	Es$_4^{cs}$	6.4~15.4	10.99	0.0226~5.938	1.049	33.1~53.6	44.7
		Es$_4^{cx}$	0.9~24.4	14.787	0.002~221.210	20.95	15~46.8	26.94
		Es$_4^s$	0.9~24.4	13.616	0.002~279.543	15.736	15~60.1	34.04

将东营凹陷西部发育的滩坝砂油藏根据其地理位置划分为滨南-利津油田、纯化油田、樊1区块油田和大芦湖油田。对这4个油田油藏的储层物性及含油饱和度进行统计分析不同地理位置油藏的差异性。从表3-5中可以看出:滨南-利津油藏的孔隙度范围为0.2%~38.2%,平均值为14.905%,渗透率范围为(0.005~635.558)×10^{-3}μm^2,平均值为20.436×10^{-3}μm^2,为中孔中渗储层,含油饱和度范围较广,平均值为33.195%。纯化油藏的孔隙度范围为3.0%~30.3%,平均值为15.106%,渗透率范围为(0.002~221.206)×10^{-3}μm^2,平均值为16.528×10^{-3}μm^2,为中孔中渗储层,含油饱和度范围较广,平均值为34.026%。樊1区块油藏的孔隙度范围为0.3%~15.4%,平均值为8.031%,渗透率范围为(0.002~7.264)×10^{-3}μm^2,平均值为0.561×10^{-3}μm^2,为较差孔较差渗储层,含油饱和度变化范围较窄,平均值为40.1%。大芦湖油藏的孔隙度范围为1.9%~17.2%,平均值为9.266%,渗透率范围为(0.009~67.999)×10^{-3}μm^2,平均值为1.957×10^{-3}μm^2,为较差孔较差渗储层,含油饱和度变化范围较窄,平均值为55.583%。由此可以得知,滨南-利津油藏和纯化区块油藏的储层物性较好,大芦湖油藏

次之,樊1区块油藏的储层物性最差;含油饱和度则表现不同性质,大芦湖油田的含油饱和度最高,其次为樊1区块油藏,滨南-利津油藏和纯化油藏的最低。

表3-5 东营凹陷西部不同油藏物性统计表

油田	孔隙度(%)		渗透率($\times 10^{-3} \mu m^2$)		含油饱和度(%)	
	范围	平均值	范围	平均值	范围	平均值
滨南-利津	0.2~38.2	14.905	0.005~635.558	20.436	7.6~71.5	33.195
纯化	3.0~30.3	15.106	0.002~221.206	16.528	15~66.6	34.026
樊1区块	0.3~15.4	8.031	0.002~7.264	0.561	26.3~53.6	40.1
大芦湖	1.9~17.2	9.266	0.009~67.999	1.957	48.6~60.1	55.583

第四节 油藏的温-压特征

一、今温-压基本特征

在含油气盆地中,其现今地层温度-压力场特征分析对研究成藏动力学具有重要的意义。通过研究区362口井单井测压和测温数据统计工作完成东营凹陷西部不同构造带沙四段、沙四上亚段、沙四上纯上、沙四上纯下亚段油藏压力和油藏温度与深度交会图(图3-12~图3-15)及东营凹陷沙四上亚段纯上和纯下油藏压力系数平面分布图(图3-16、图3-17)。如图3-12所示,滨南-利津断阶构造带沙四段超压顶界面深度位于2450m,压力梯度主要位于1.5MPa/100m。从地温深度演化来看,滨南-利津断阶构造带沙四段地温梯度主要位于3.7~4.2℃/100m之间。而博兴断阶构造带(图3-13)沙四段超压顶界面深度位于2150m,压力梯度小于1.5MPa/100m。从地温深度演化来看,博兴断阶构造带沙四段地温梯度主要位于3.9~4.2℃/100m之间,略大于滨南-利津构造带的地温梯度。

图3-14和图3-15是东营凹陷西部沙四上亚段和所有层位实测地温和地压与深度交会图,由图可知,总体上东营凹陷西部沙四上亚段纯上亚段的压力系数和温度与纯下亚段并无太大的区别。图3-16和图3-17是东营凹陷西部沙四上纯上和纯下亚段油藏压力系数平面分布图。由图3-16可知,沙四上纯上亚段超压中心主要分布在洼陷中心,滨南-利津断阶构造带油藏主要位于压力系数小于1.1~1.25区域,博兴断阶构造带油藏主要分布在压力系数小于1.2~1.5区域,可见滨南-利津断阶构造带沙四上纯上油藏压力系数要小于博兴断阶构造带沙四上纯上油藏压力系数。由图3-17可知,沙四上纯下亚段超压中心范围较沙四上纯上亚段扩大,并且向南有所偏移。滨南-利津断阶

构造带油藏主要位于压力系数小于1.1~1.25区域,博兴断阶构造带油藏主要分布在压力系数小于1.2~1.5区域,可见滨南-利津断阶构造带沙四上纯上油藏压力系数要小于博兴断阶构造带沙四上纯上油藏压力系数。

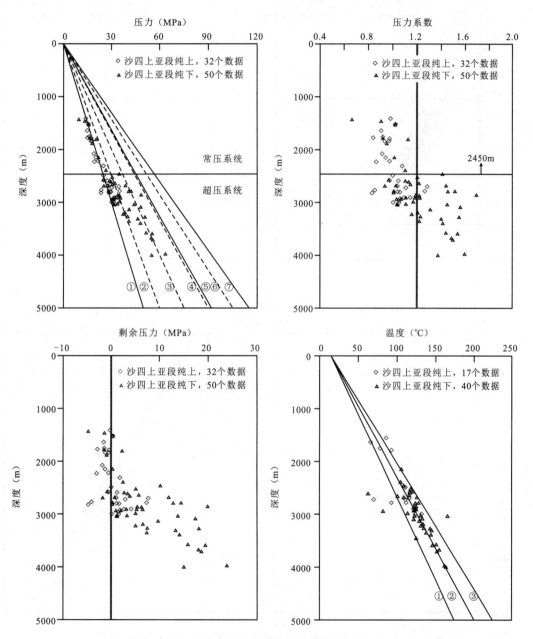

图3-12 东营凹陷西部滨南-利津断阶构造带实测地温和地压与深度交会图

注:压力梯度分别为①1.0MPa/100m;②1.2MPa/100m;③1.5MPa/100m;④1.8MPa/100m;⑤破裂压力梯度1.84MPa/100m;⑥2.1MPa/100m;⑦静岩压力梯度2.3MPa/100m。地温梯度分别为①3.2℃/100m;②3.7℃/100m;③4.2℃/100m

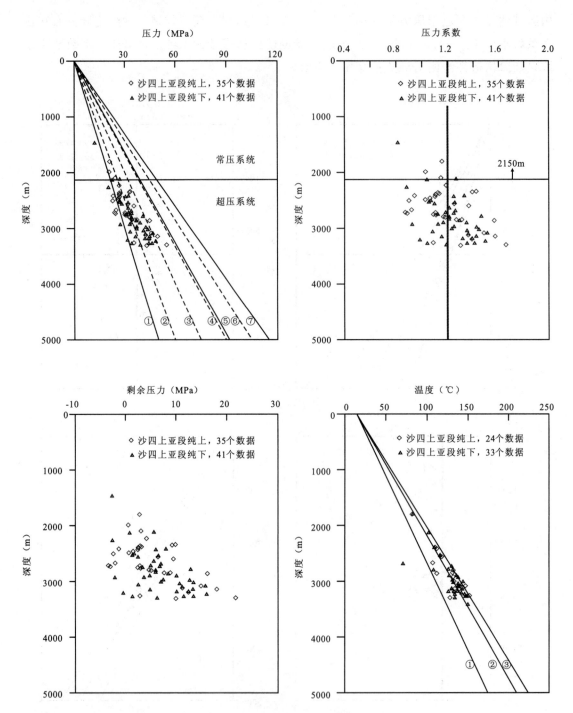

图 3-13 东营凹陷西部博兴断阶构造带实测地温和地压与深度交会图

注：压力梯度分别为①1.0MPa/100m；②1.2MPa/100m；③1.5MPa/100m；④1.8MPa/100m；⑤破裂压力梯度1.84MPa/100m；⑥2.1MPa/100m；⑦静岩压力梯度2.3MPa/100m。地温梯度分别为①3.2℃/100m；②3.9℃/100m；③4.2℃/100m

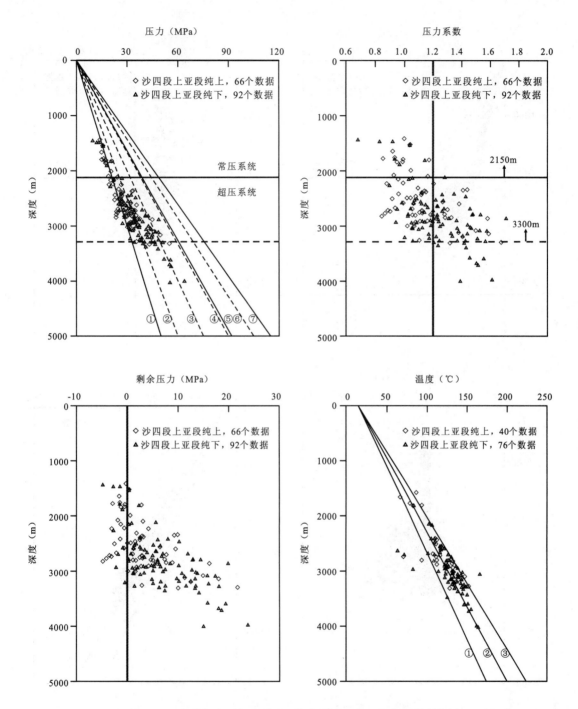

图 3-14 东营凹陷西部沙四上亚段实测地温和地压与深度交会图

注:压力梯度分别为①1.0MPa/100m;②1.2MPa/100m;③1.5MPa/100m;④1.8MPa/100m;⑤破裂压力梯度1.84MPa/100m;⑥2.1MPa/100m;⑦静岩压力梯度2.3MPa/100m。地温梯度分别为①3.2℃/100m;②3.7℃/100m;③4.2℃/100m

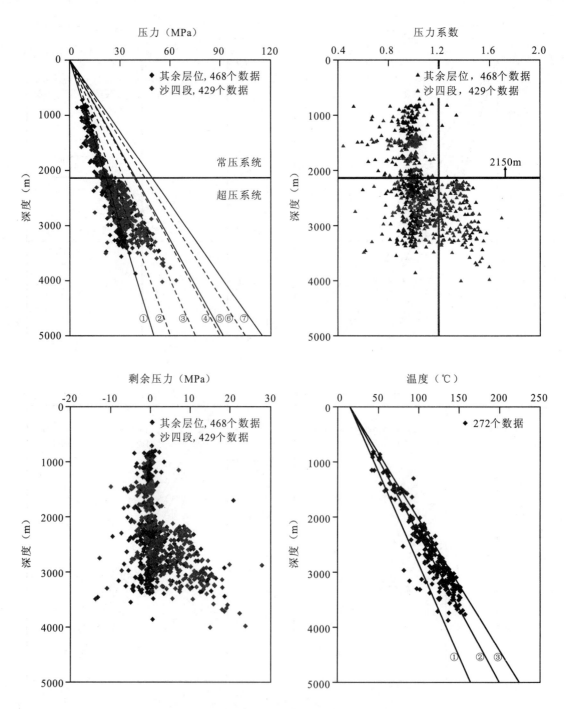

图 3-15 东营凹陷西部实测地温和地压与深度交会图

注：压力梯度分别为①1.0MPa/100m；②1.2MPa/100m；③1.5MPa/100m；④1.8MPa/100m；⑤破裂压力梯度1.84MPa/100m；⑥2.1MPa/100m；⑦静岩压力梯度2.3MPa/100m。地温梯度分别为①3.2℃/100m；②3.7℃/100m；③4.2℃/100m

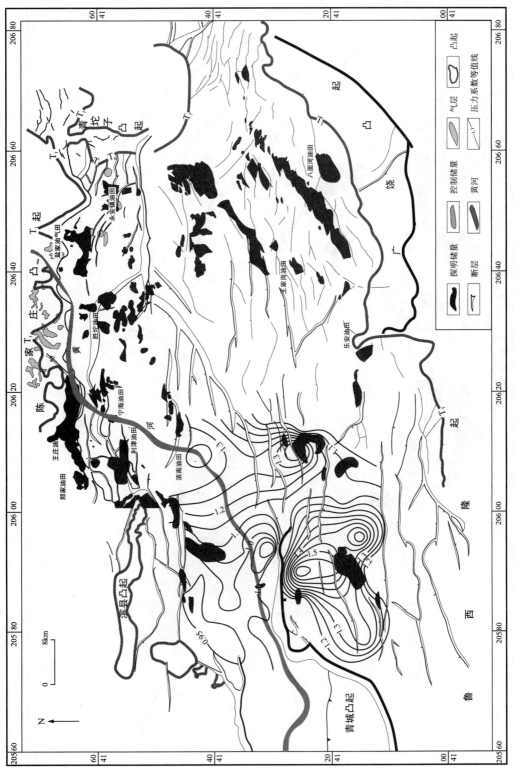

图3-16 东营凹陷西部沙四上纯上次亚段油藏压力系数平面分布图

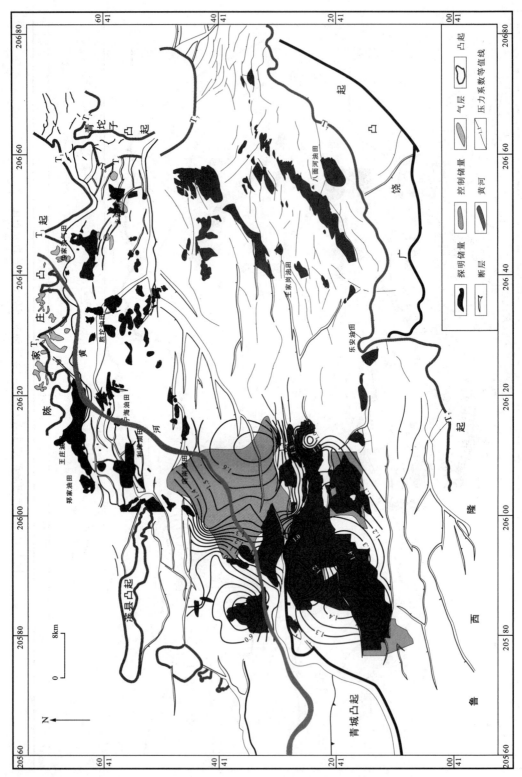

图 3-17 东营凹陷西部沙四上纯下次亚段油藏压力系数平面分布图

二、单井压力结构解剖

压实理论是单井压力解剖和压力预测的理论基础。单井压力解剖的原理是正常沉积的地层随着埋藏深度的增加,其上覆地层的负载应力增大,地层不断被压实,在压实的过程中地层孔隙中的流体不断排出,导致地层孔隙度减少,且岩石颗粒间的骨架应力逐渐增大,这时候地层孔隙流体保持静水压力(称为正常地层压力);在这种情况下,泥岩的孔隙度随着埋深的增加而呈减小趋势,在半对数坐标系统中呈线性关系,这条直线被称为正常压实趋势线,其上覆地层压力等于正常的孔隙流体压力和垂直有效应力之和,即骨架颗粒支撑岩石骨架负载,孔隙流体支撑孔隙流体负载;而在超压出现的地层中,孔隙流体负载了部分岩石骨架应力,使得岩石骨架颗粒之间的接触程度降低,造成有效应力减小、泥岩的孔隙度异常增大并偏离趋势线于其右侧分布(图3-18)。在分析过程中,需要根据纯泥岩的孔隙数据确定正常的压实趋势线,在超压发育段,根据沉积过程中力的平衡即等效深度法确定上覆地层压力,可得出有效应力大小。

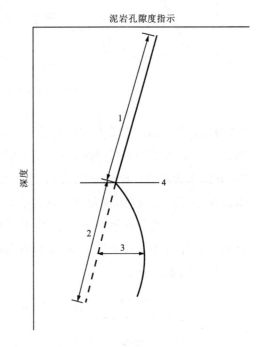

图3-18 超压表征图
1.用纯泥岩确定的正常压实趋势线;2.外推的泥岩正常趋势线;3.确定的偏差值;4.超压顶界面

在测井方法中可以表征泥岩孔隙的有声波时差测井(AC)、声波速度测井、中子测井和密度测井,此外对异常压力有反应的还有电阻率测井、电导率测井和伽马(GR)测井。根据300多口井的测井声波、密度和地层压力测试数据,提取了常压带正常压实的纯泥岩测井响应参数,利用这些参数拟合了东营凹陷西部泥岩声波时差和密度的正常压实趋势线(图3-19)。

声波时差对超压有很好的响应关系,所以利用声波时差对单井的超压进行分析,图3-20~图3-23是不同地区不同井的单井超压结构解剖图,由图可知东营凹陷西部普遍发育超压,在单井上表现出沙三段和沙四段为一个巨型超压封存箱,内部可分为1~3个小型压力封存箱,这种在超压封存箱内部声波时差出现波状起伏的现象说明,同一超压封存箱内的流体动力学系统在其微观尺度上流体动力学具有非均质性。与正常压实的泥岩声波时差相比,东营凹陷西部单井的声波时差趋势呈现明显的非正常压实趋势

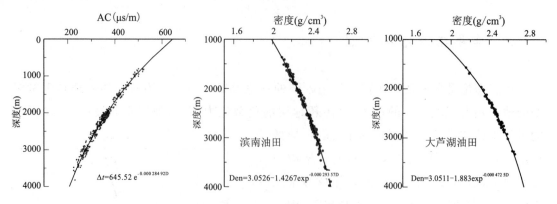

图 3-19 东营凹陷西部泥岩声波时差和密度正常压实趋势图

的"两段式""三段式"或者"四段式"等多段式的特征(图 3-20、图 3-22、图 3-23)。例如,图 3-20 中樊 144 井和图 3-22 中梁 218 井泥岩声波时差与深度变化关系呈明显的"三段式",表现为 3 个超压封存箱。另外,单井超压结构在洼陷中心部位表现为单个超压封存箱,而在断裂比较发育的部位表现为多个叠置的超压封存箱。

垂向上沙四上亚段滩坝砂油藏主要位于超压中心向下的泄压部位,特别是垂向上有两个叠置的超压分隔箱之间的泄压区域,是比较有利的油气聚集带。可见超压控制着油气垂向上的分布。

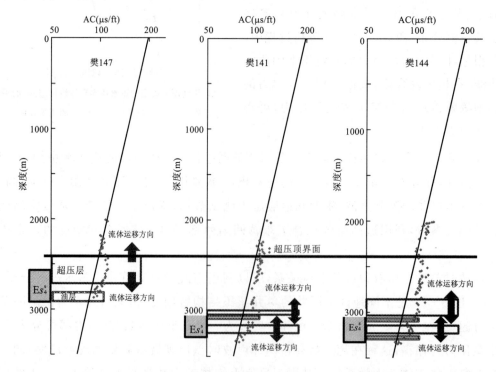

图 3-20 樊 147 井、樊 141 井和樊 144 井单井超压结构解剖图

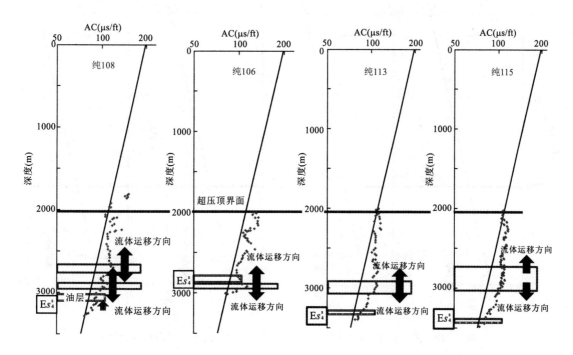

图 3-21 纯 108 井、纯 106 井、纯 113 井和纯 115 井单井超压结构解剖图

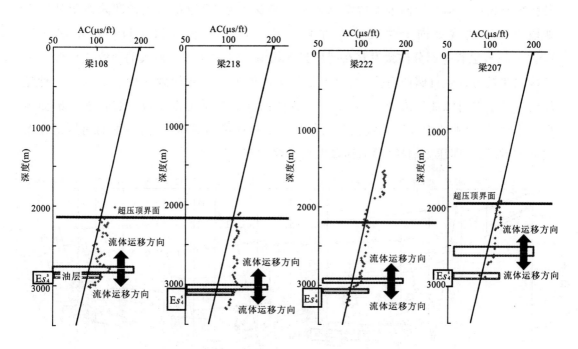

图 3-22 梁 108 井、梁 218 井、梁 222 井以及梁 207 井等单井超压结构解剖图

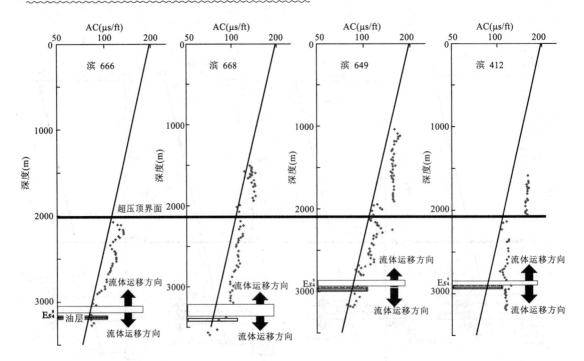

图3-23 滨666井、滨668井、滨649井和滨412井等单井超压结构解剖图

平面上沙四上亚段滩坝砂油藏分布在超压中心周围的超压系统内部，呈环带分布。分析单井超压结构与沙四上亚段滩坝砂油层埋深关系，可以得出东营凹陷西部沙四上亚段滩坝砂油藏垂向上主要分布在超压系统的内部相对超压封存箱的泄压区（图3-24），也有一部分油藏发育在超压封存箱泄压的常压区。前人的研究表明沙四上亚段油藏具有自生自储的特点，由此可以认为沙四上亚段滩坝砂油藏主要属于一种超压封存箱型的自源油气成藏系统，常压开放性油气成藏系统占少数。综合连井剖面可以看出，沙四上亚段滩坝砂油藏主要赋存在超压封存箱的泄压区，而叠置的超压封存箱之间的泄压区（即压力输导层）为油藏聚集成藏的有利区域。

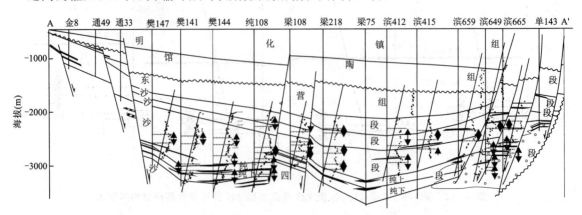

图3-24 东营凹陷西部金8井—单77井南北向油藏剖面图

三、超压成因

东营凹陷是超压含油气盆地之一,超压控制着油气的成藏和分布,所以研究超压的形成机制非常重要。不同的学者根据不同的分类标准将超压的形成机制分为不同类型。Osborne 和 Swarbrick(1997)根据超压产生的过程将超压的形成机制分为 3 类:一是与应力相关的增压机制,包括构造应力和欠平衡压实;二是孔隙流体体积增加引起的增压机制,包括水热增压、黏土矿物脱水转化、原油裂解成气和生烃增压;三是流体运动和浮力增压机制,包括浮力、渗透作用和重力水头。解习农等(2006)根据有没有外界流体进入体系将超压的成因分为两类:一类是没有外界流体流入体系,仅由体系内部的物理、化学条件使得压力增加,称之为自源型增压;另一类是因为体系外部的应力条件或者水动力条件发生变化使得体系内部孔隙流体压力增加,称之为他源型增压。也有一些学者将超压的形成定性与沉积作用、矿物的成岩作用、构造作用、流体性质、流体的热膨胀作用、盆地地层结构和油气的生成作用有关。

不同类型超压对测井参数有不同的反应,图 3-25 中展示了正常压力系统(有效应力持续增大)、欠平衡压实超压(有效应力不变)、欠平衡压实超压-泄压(有效应力不变-有效应力增大)和欠平衡压实超压-新生流体源增压(有效应力不变-有效应力减小)4 种类型压力演化结构及其声波和孔隙度的响应。

当地层出现超压时,超压带中有效应力减少,从而导致了声波传播速度降低、声波时差增加并偏离趋势线。密度测井也表征泥岩孔隙度,在欠压实形成的超压带中表现为高孔隙度和低密度的特征,并且与声波时差呈镜像关系;而非欠压实形成的超压带中并未表现这种关系。对研究区 40 多口单井的声波时差和密度测井分析可以看出,大多数单井泥岩声波时差与密度测井具有很好的镜像关系,仅少数井未表现这种关系(图 3-26),欠压实作用形成超压的机制是建立在一定厚度的低渗透地层和相对快速的上覆负荷沉积物的沉积基础上的,但是在封闭体系中,渗透性岩层也可以形成欠压实。

图 3-26~图 3-36 为几口典型井的声波、密度电阻率和井径测井的组合特征,樊 141 井超压成因为传递超压或流体膨胀增压(图 3-26),樊 144 井、纯 108 井、纯 106 井、纯 113 井和樊 160 井超压为欠平衡压实增压成因(图 3-27、图 3-29、图 3-30、图 3-32、图 3-35),樊 147 井、纯 115 井和梁 108 井超压为欠压实和流体膨胀复合增压成因(图 3-28、图 3-31、图 3-33)。

从平面上来看,利津洼陷超压主要以欠压实成因为主,在洼陷边缘构造高点有非欠平衡压实成因流体增压机制,可能跟断层传递超压有关;非欠平衡压实成因超压在博兴地区较利津地区分布广泛,大多数非欠平衡成因超压主要分布在断裂带附近,这类超压主要跟断层传递有关(图 3-36)。总之,研究区沙三段及沙四上亚段普遍发育超压,超

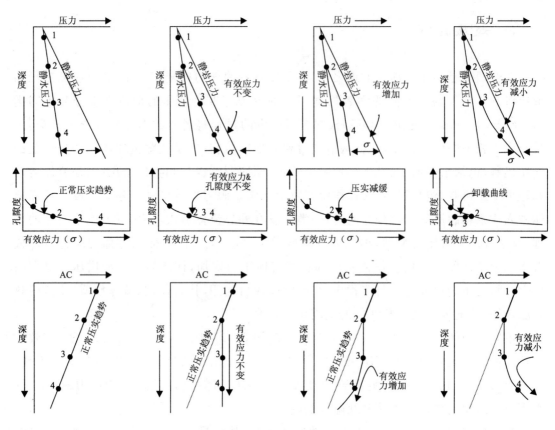

图 3-25 不同类型超压测井响应

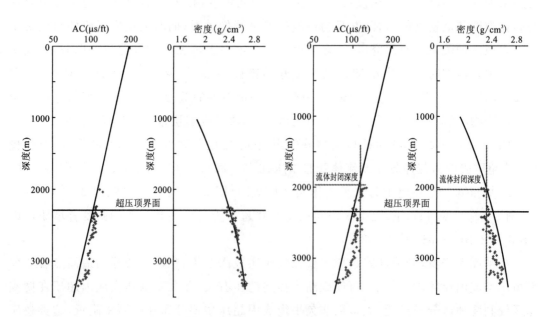

图 3-26 樊141井单井超压成因识别图　　图 3-27 樊144井单井超压成因识别图

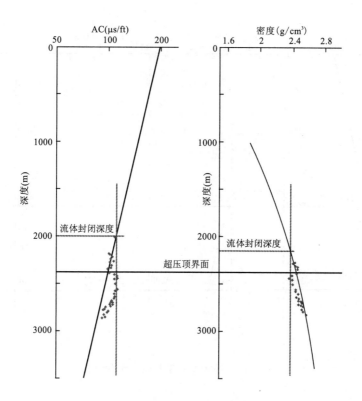

图 3-28 樊 147 井单井超压成因识别

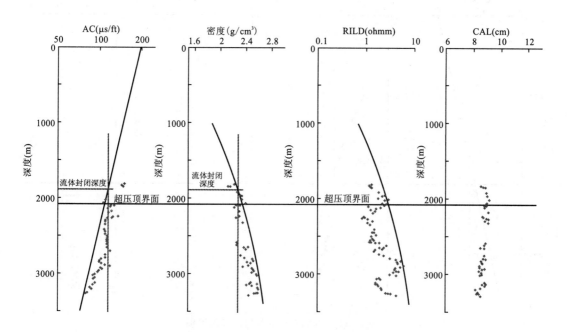

图 3-29 纯 108 井单井超压成因识别

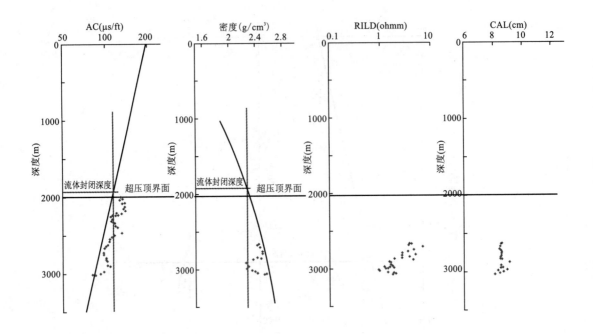

图 3-30 纯 106 井单井超压成因识别

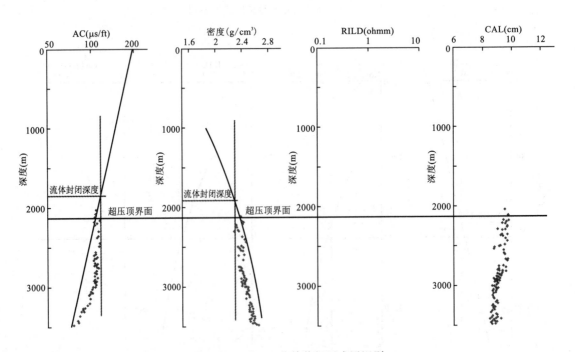

图 3-31 纯 115 井单井超压成因识别

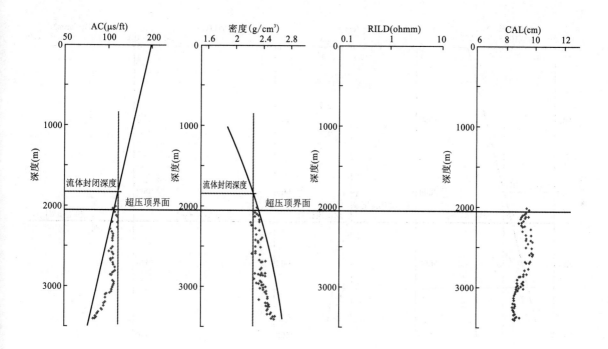

图 3-32 纯 113 井单井超压成因识别

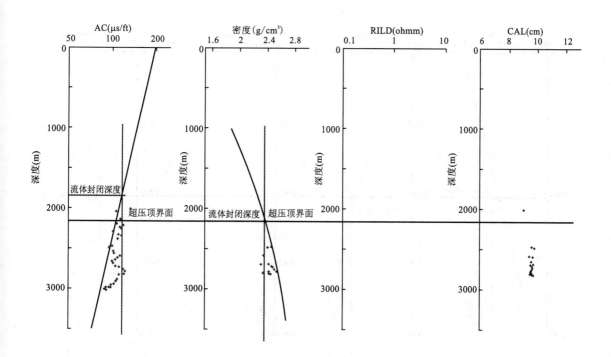

图 3-33 梁 108 井单井超压成因识别

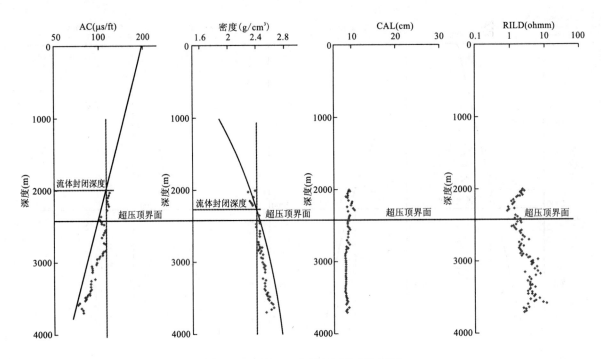

图 3-34 樊 161 井单井超压成因识别

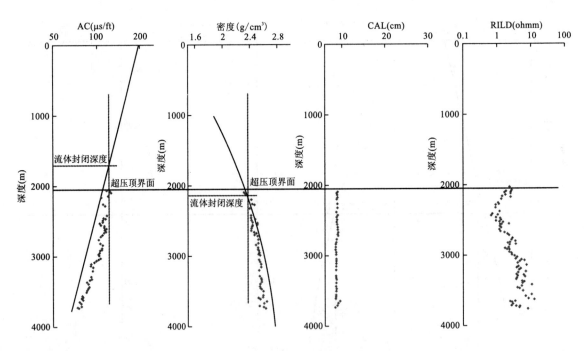

图 3-35 樊 160 井单井超压成因识别

第三章 滩坝砂油藏静态地质特征

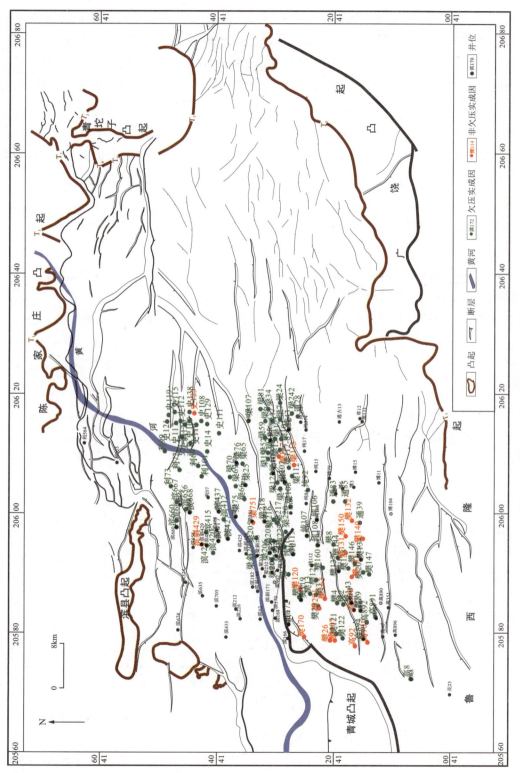

图 3-36 东营凹陷西部超压成因平面分布图

压主要成因为欠平衡压实作用；部分地区（纯化和大芦湖油田）的增压机制为非欠压实作用（包括生烃增压和/或水热复合增压、或传递超压）。从图3-36可以看出，欠平衡压实作用形成的超压分布在整个研究区。从新生代开始，东营凹陷处在张性构造背景下，在沙三段和沙四段时期，东营凹陷西部发生强烈的裂陷作用，以咸水-半咸水的深湖相和半深湖相沉积为主，泥质含量比较高，沉积速率快。沙四上纯上亚段主要发育暗色泥岩、油页岩及白云岩，这种细粒沉积物的快速沉积加之其上覆盖的沙三中段和沙三下段巨厚暗色泥岩，形成了封闭性非常好的封闭体系，造成垂向上孔隙流体排出不畅，使得孔隙体积降低的速率与孔隙流体的排出速率失去平衡，而造成孔隙中流体压力增高，欠平衡压实作用明显，形成超压。

四、超压预测

由于本研究区主要超压成因为欠平衡压实，因此采用等效深度法来预测超压。等效深度法是 Magsra 在1981年提出的，它是建立在相同性质的岩石处于不同深度，其骨架所受到的有效应力相等的假设上。在正常压实过程中，泥岩处于力的平衡状态，故：

$$P_0 = P_f + \delta \tag{3-1}$$

式中，P_0 为上覆岩层的压力（MPa）；P_f 为地层孔隙流体压力（MPa）；δ 为岩石骨架垂直应力（MPa）。

在泥岩声波时差随深度的变化曲线上，常压带的 B 点与超压带的 A 点具有相同的声波时差值（图3-37），则 B 点即为 A 点的等效深度点。即：

$$P_{0A} - P_{fA} = P_{0B} - P_{fB}$$

则：

$$P_{fA} = P_{0A} - (P_{0B} - P_{fB}) \tag{3-2}$$

式中，P_{0A} 为 A 点上覆地层压力（MPa）；P_{fA} 为 A 点的地层孔隙流体压力，即地层压力（MPa）；P_{0B} 为 B 点上覆地层压力（MPa）；P_{fB} 为 B 点地层孔隙流体压力（MPa）。公式（3-2）可写为：

$$P_{fA} = 10^{-3} \times G_A \times g \times H_A - 10^{-3} \times g \times H_n \times (G_B - G_w) \tag{3-3}$$

式中，H_A 为 A 点的深度（m）；G_A 为 A 点的上覆地层压力梯度（MPa/100m）；H_n 为 A 点的等效深度（m）；G_B 为 B 点的上覆地层压力

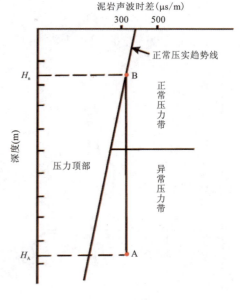

图3-37 等效深度法示意图

梯度(MPa/100m)；G_w 为 B 点处地层水密度(g/cm³)；g 为重力加速度。根据正常压实曲线公式，可以得出：

$$H_n = (\ln\Delta t_0 - \ln\Delta t)/C$$

式中，Δt_0 为深度为 0 的地表声波时差(μs/m)；Δt 为深度 H_n 的地层声波时差(μs/m)；C 为正常压实曲线的斜率，在确定地层年代的地质区域中，为常数。所以公式(3-3)为：

$$P_{fA} = 10^{-3} \times G_A \times g \times H_A - 10^{-3} \times g \times (\ln\Delta t_0 - \ln\Delta t)/C \times (G_B - G_w) \tag{3-4}$$

由公式(3-4)可知，利用等效深度法进行压力预测需要不同深度上覆地层的压力梯度和泥岩的正常压实趋势线。根据 300 多口井的测井声波、密度和地层压力测试数据，提取了常压带正常压实的纯泥岩测井响应参数，利用这些参数拟合了东营凹陷西部泥岩声波时差 $\Delta t(\mu s/m)$ 的正常压实趋势线，其公式为：

$$\Delta t = 645.52 e^{-0.00028492D} \tag{3-5}$$

式中，D 为深度(m)。

根据补偿密度数据拟合了上覆地层压力与深度的关系图(图 3-38)，由拟合的公式可以计算不同深度范围的上覆地层压力的梯度。

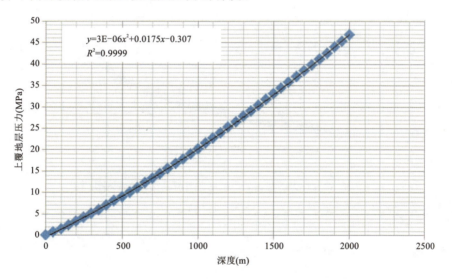

图 3-38　东营凹陷西部上覆地层压力与深度关系图

采用等效深度法预测了东营凹陷西部 70 多口井的油层孔隙流体压力值(图 3-39)，从图中可以看出预测的孔隙流体压力值与实测压力值基本位于斜率为 1 的直线附近，表明预测的压力值与实测压力值具有很好的匹配关系，说明利用等效深度法预测的孔隙流体压力是有效的。图 3-40 是预测压力值的绝对误差与样本点个数分布图，利用等效深度法计算的压力值的最小绝对误差为 0.125%，最大绝对误差为 31%，约有一半数据的绝对误差小于 5%，所有样品的平均绝对误差为 6.7%。

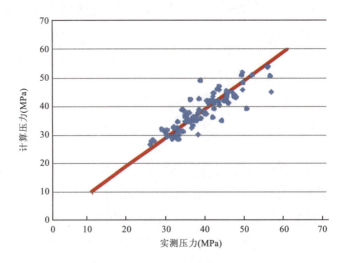

图 3-39　东营凹陷泥岩声波时差计算压力与实测压力关系图

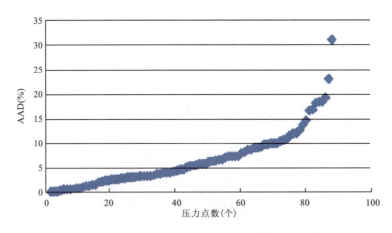

图 3-40　东营凹陷泥岩声波时差计算压力绝对误差分布图

五、超压成因定量评价

通过前面的研究我们初步明确东营凹陷西部超压发育的两种主要增压机制：欠平衡压实和非欠平衡增压（流体膨胀和断层传递），但是两种增压机制对超压发育各起多大的作用？下面我们按构造带对超压成因进行定量评价。从研究区实测压力资料和声波测井资料入手，挑出异常压力数据，根据泥岩声波时差确定欠压实平衡发生的起始深度，从这个起始深度作一条与静岩压力梯度平行的压力梯度变化曲线，在曲线上读取实测深度点的压力值，这个数值是纯欠平衡压实引起的压力大小，将其与该点的实测压力值作比较，即可确定欠平衡压实的贡献率（图 3-41、图 3-42）。

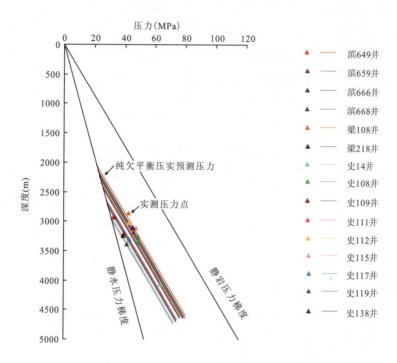

图3-41 滨南-利津断阶构造带超压成因定量评价图

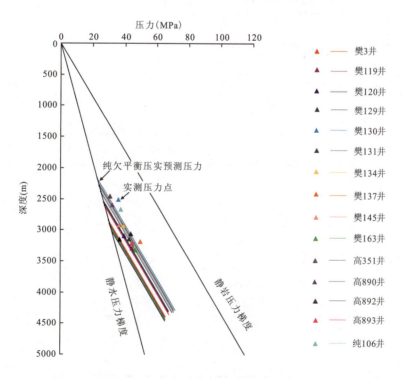

图3-42 博兴断阶构造带超压成因定量评价图

通过研究发现滨南-利津断阶构造带欠平衡压实的贡献均在90%以上,综合认为该构造带发育的超压均由欠平衡压实单因素引起,欠平衡压实超压贡献为100%(表3-6)。博兴断阶构造带欠平衡压实的贡献相比于滨南-利津断阶构造带要小得多,基本在80%~90%之间,说明其他增压机制起了较大的作用,最大贡献可达25%(表3-7),综合整个构造带评价认为博兴断阶构造带欠平衡压实超压贡献为90%,非欠平衡增压贡献为10%。

表3-6 滨南-利津断阶构造带超压成因定量评价表

井号	欠平衡压实起始深度(m)	实测压力深度(m)	实测压力(MPa)	欠平衡压实预测压力(MPa)	欠平衡压实相对贡献(%)
滨649	2710	2930.35	32.41	33.20	100
滨659	2640	2925	33.3	34.1	100
滨666	2930	3246.75	38.64	38	98
滨668	2740	3387.7	41.04	43.6	100
梁108	2031	2858.9	42.47	40.1	94
梁218	2420	3214.81	40.89	43.5	100
史14	2946	4055.65	63.67	56.4	88
史14	2946	4125.1	55.14	58.4	100
史108	2221	3256.75	48.7	47.1	96
史108	2221	3351.45	48.77	49.4	100
史109	2350	3211.75	39.2	44.5	100
史111	2250	3467.4	53.14	51.9	97
史112	2325	3030.15	42.66	40.5	94
史112	2325	3152.65	45.92	43.4	94
史115	2350	3117.15	47.66	42.1	88
史117	2141	3303.55	43.05	49.1	100
史119	2239	3182.75	46.05	45.05	97
史138	2131	3109.7	45.55	44.8	98

表 3-7 博兴断阶构造带超压成因定量评价表

井号	欠平衡压实起始深度(m)	实测压力深度(m)	实测压力(MPa)	欠平衡压实预测压力(MPa)	欠平衡压实相对贡献(%)
樊 119	2886	3296.4	44.37	39.50	89
樊 120	2920	3099.5	39.52	34.50	87
樊 129	3016	3156.85	36.47	34.90	95
樊 130	2150	2603.5	36.03	30.90	85
樊 131	2540	3150.85	42.55	40.40	94
樊 134	2600	2932.65	39.20	34.95	89
樊 137	2830	3181.3	49.49	37.50	75
樊 145	2568	2920.15	36.15	34.95	96
樊 163	2934	3326	46.27	39.50	85
高 351	2256	2452.25	30.42	28.15	92
高 890	2372	2592.85	32.09	29.95	93
高 892	2550	3065.2	43.77	38.20	87
高 893	2594	3216.5	44.41	41.30	93
纯 106	2300	2863.4	33.17	32.50	97

六、超压平面和剖面分布

完成压力预测后就可以将单井计算的压力值叠加到平面图和油藏剖面上进而分析压力环境对滩坝砂油藏成藏的控制作用。

根据预测的压力值，分别作东营凹陷西部沙四上纯上亚段和纯下亚段顶深的压力系数等值线图（图3-43、图3-44），分析超压的平面特征。从图3-43可知，沙四上纯下亚段的压力系数等值线整体呈东西向展布，压力系数普遍高于1.2，压力明显存在4个高值区，分别以博兴洼陷通39井、纯梁地区纯98井、纯梁地区通28井和利津洼陷史14井为中心。最大压力系数可达1.7，位于博兴洼陷，可知博兴洼陷超压幅度明显大于利津和纯梁地区。博兴地区洼陷中心表现为超压，靠近高青平南断层和博兴断层的地区表现为常压；利津地区大部分表现为超压，中高幅超压普遍；滨南地区和大部分纯梁地区表现为常压。

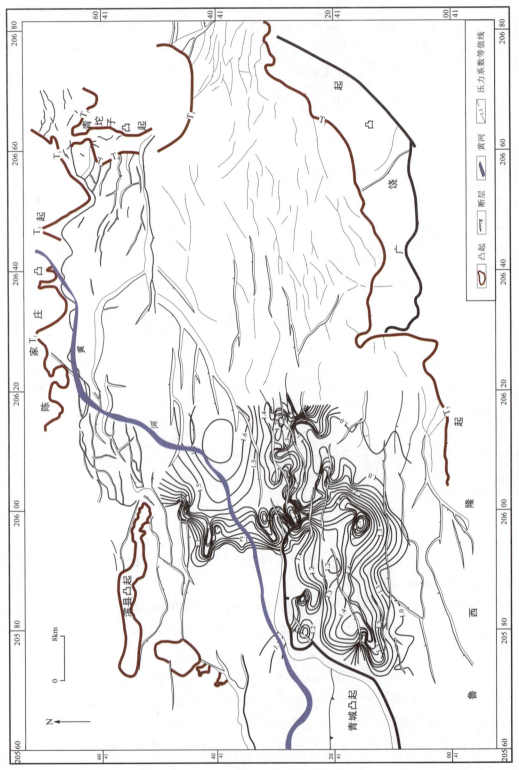

图 3-43 东营凹陷西部沙四上纯下次亚段顶深压力系数平面分布图

第三章 滩坝砂油藏静态地质特征

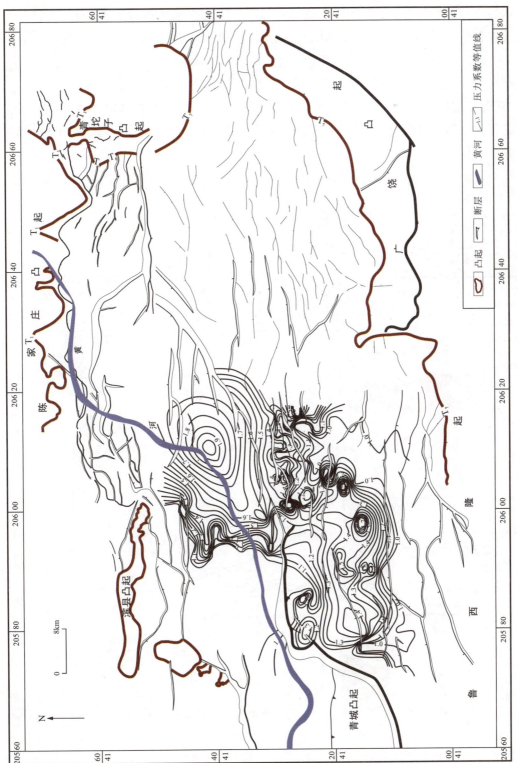

图 3-44 东营凹陷西部沙四上纯上次亚段砂泥界面压力系数平面分布图

从图 3-44 可知,东营凹陷西部沙四上纯上亚段压力系数等值线在博兴洼陷表现为东西向展布,在利津洼陷表现为南西-北东向展布。除利津地区和部分博兴地区外,压力系数普遍低于 1.2,存在 5 个超压高值区,分别以利津地区史 14 井、纯梁地区梁 108 井、博兴地区通 39 井、博兴地区博 6 井和纯梁地区通 28 井为中心。最大压力系数可达 1.95,位于利津地区,可知利津地区的超压幅度最大。利津大部分地区表现为中高幅超压,史南油田地区表现为高幅超压;在博兴洼陷中心地区表现为低幅超压,其余地区表现为超压;纯梁地区除超压高值区外大部分表现为常压;滨南地区与沙四上纯下段一样仍表现为常压。

图 3-45~图 3-49 是 5 条油藏剖面和单井超压叠合图,不同地区油藏剖面和垂向

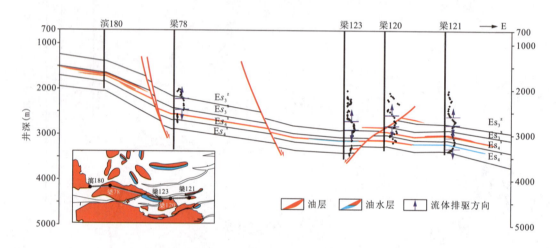

图 3-45　滨 180—梁 78—梁 123—梁 120—梁 121 剖面超压垂向分布图

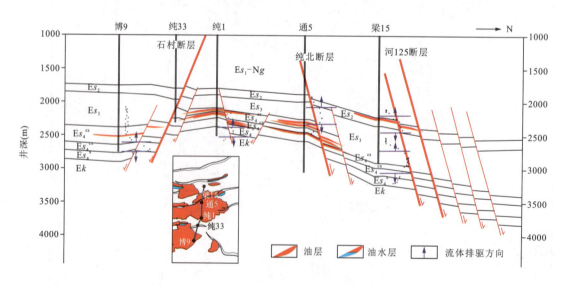

图 3-46　博 9—纯 33—纯 1—通 5—梁 15 剖面超压垂向分布图

压力结构表明油藏总是分布在单个超压封存箱的有利泄压部位或者是两个垂向叠置的超压封存箱之间的共同泄压区域。

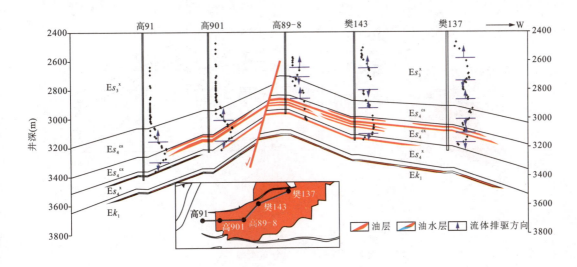

图 3-47 高 91—高 901—高 89-8—樊 143—樊 137 剖面超压垂向分布图

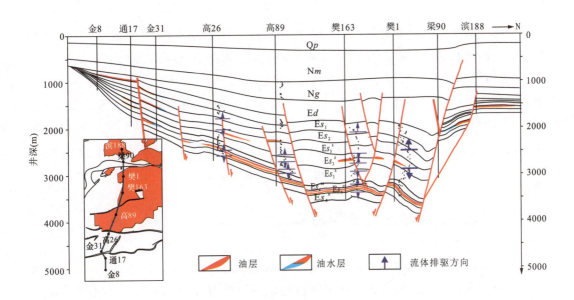

图 3-48 金 8—通 17—金 31—高 26—高 89—樊 163—樊 1—梁 90—滨 188 剖面超压垂向分布图

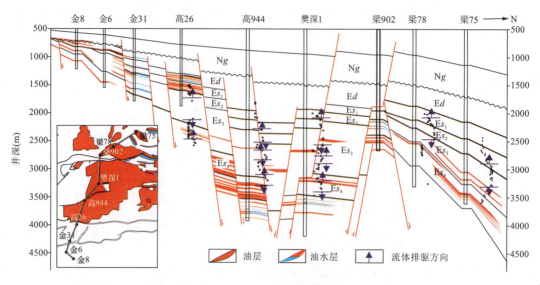

图 3-49 金 8—金 6—金 31—高 26—高 944—樊深 1—梁 902—梁 78—梁 75 剖面超压垂向分布图

第五节 滩坝砂油藏油源分析

前人研究表明,东营凹陷发育沙四上、沙三下两套优质烃源岩,此外,沙四下烃源岩也具有一定的生烃能力。在凹陷西部滩坝砂地区,沙四上段又可分为纯上亚段和纯下亚段,尽管纯上亚段烃源岩厚度较纯下亚段大,也不能排除纯下亚段烃源岩的贡献,前人研究并没有将这两段烃源岩区分开,但有效区分纯上亚段烃源岩和纯下亚段烃源岩,对于进一步明确滩坝砂油气的来源,弄清油气成藏过程十分重要。为此,本书在收集资料的基础上,对原油、油砂和沙三下段、沙四上段(纯上亚段、纯下亚段)和沙四下段烃源岩的生物标志化合物特征进行了研究,并开展了油源对比。

一、烃源岩生物标志化合物特征

由于本次研究没有采集烃源岩样品,其生物标志化合物特征的总结只能依赖于收集前人的分析数据。根据所收集烃源岩样品的饱和烃色谱、色谱-质谱分析,不同洼陷中 4 套烃源岩的生物标志化合物特征呈现出一定的差异(表 3-8)。总体而言,沙三段烃源岩 Pr/Ph>1,伽马蜡烷含量很低,奥利烷含量很低,而沙四上段和沙四下段 Pr/Ph<1,垂向上,从沙四下段—沙四纯下亚段—沙四纯上亚段,伽马蜡烷含量逐渐降低,但在平面上也随着岩性和岩相的变化而发生变化。

表 3-8 不同洼陷不同层段烃源岩生物标志化合物特征

洼陷	层段	Pr/Ph	ααα20RC$_{27}$/ααα20RC$_{29}$	Ga/C$_{31}$H	奥利烷/C$_{30}$H	代表井
博兴洼陷	沙三下段	>1	>1	极低(<0.1)	很低(<0.1)	樊118、樊137、樊1、樊138、樊143、纯古1等
	沙四上段纯上亚段	<1	<1	>C$_{31}$且<C$_{30}$	较低(0.1左右)	
	沙四上段纯下亚段	<1	>1	>C$_{30}$H	较高(大多>0.1)	
	沙四下段	<1	>1	高	很低(<0.1)	
利津洼陷	沙三下段	>1	>1	极低(<0.2)	很低(<0.1)	史142、滨440、滨670
	沙四上段纯上亚段	>1	>1	较高(>0.2一般小于C$_{31}$H)	高(>0.3)	
	沙四上段纯下亚段	<1	<1	高(>1)	较高(>0.1)	
	沙四下段	<1	>1	高	很低(<0.1)	

二、原油和油砂的生物标志化合物特征

饱和烃是原油中最重要的组分,一般占正常原油的一半以上,由直链烷烃、支链烷烃和环烷烃组成。直链烷烃(正构烷烃)、支链烷烃和甾、萜类生物标志化合物均能提供有关生烃母质、烃源岩的沉积环境和演化特征等方面的信息。本次共完成5个原油样品的饱和烃色谱、色谱-质谱和全二维气相色谱-飞行时间质谱分析,结合收集的25个油砂样品的饱和烃色谱、色谱-质谱资料,其基本参数见表3-9,结合谱图,对滩坝砂原油的地化特征进行分析,并将其分成5类。

表 3-9 东营凹陷滩坝砂所有油砂及原油样品生物标志化合物参数表

序号	井号	井段(m)	层位	样品	原油类型	Pr/Ph	Ga/C$_{31}$H	ααα C$_{29}$ S/S+R	C$_{29}$ ββ/(αα+ββ)	奥利烷/C$_{30}$H	备注
1	樊1	3076.00	Es$_3^x$	油砂	Ⅱ类	0.97	0.14	0.38	0.39	0.04	石油大学(北京)实验室测试
2	纯371	2696.00	Es$_4^{cx}$	油砂	Ⅰ类	0.36	1.00	0.34	0.31	0.07	
3	高890	2597.50	Es$_4^{cx}$	油砂	Ⅲ类	0.44	0.30	0.34	0.34	0.05	
4	高891	2808.80	Es$_4^{cx}$	油砂	Ⅲ类	0.65	0.27	0.41	0.33	0.04	
5	高斜73	1875.81	Es$_4^{cx}$	油砂	Ⅲ类	0.33	0.44	0.36	0.26	0.04	
6	史126	3423.10	Es$_4^{cx}$	油砂	Ⅳ类	1.34	0.27	0.38	0.39	0.29	
7	纯116	2942.3	Es$_4^{cx}$	原油	Ⅱ类	1.18	0.08				广州地化所测试
8	纯113	3377	Es$_4^{cx}$	原油	Ⅱ类	1.02	0.12				
9	高891	2816.7	Es$_4^{cx}$	原油	Ⅲ类	0.69	0.27				
10	高892	3046.6	Es$_4^{cx}$	原油	Ⅲ类	0.69	0.36				
11	高89-7	2836.9	Es$_4^{cs}$	原油	Ⅲ类	0.86	0.22				

续表 3-9

序号	井号	井段(m)	层位	样品	原油类型	Pr/Ph	Ga/C_{31}H	$\alpha\alpha\alpha C_{29}$ S/S+R	$C_{29}\beta\beta$/ $(\alpha\alpha+\beta\beta)$	奥利烷/ C_{30}H	备注
12	利91		Es_4^{cx}	Es_4	原油	Ⅱ类		0.17	0.47	0.50	0.04	
13	利57	4131.15	Es_4^{cx}		油砂	Ⅲ类	0.40	0.32	0.38	0.49	0.04	
14	利57	4308.10	Es_4^{cx}		油砂	Ⅲ类	0.45	0.30	0.31	0.28	0.03	
15	滨438	3805.5	Es_4^{cx}		原油	Ⅴ类	0.47	2.24	0.48	0.60	0.54	
16	滨425-斜56	2487.2	Es_4^x		原油	Ⅲ类		0.21	0.51	0.49	0.03	
17	滨169-6	2349.3	Es_4^x		原油	Ⅱ类		0.12	0.41	0.44	0.02	
18	滨440	3843.80	Es_4^{cx}		油砂	Ⅴ类	0.57		0.54	0.58	0.71	胜利油田公司地质科学研究院石油地质测试中心测试
19	梁120	3053.40	Es_4^x		油砂	Ⅴ类		6.64	0.52	0.61	0.40	
20	梁120	3055.50	Es_4^x		油砂	Ⅲ类		1.32	0.49	0.53	0.08	
21	梁120	3095.00	Es_4^x		油砂	Ⅲ类		0.72	0.44	0.47	0.04	
22	梁120	3096.40	Es_4^x		油砂	Ⅲ类		0.73	0.46	0.49	0.05	
23	梁120	3100.90	Es_4^x		油砂	Ⅲ类		0.41	0.51	0.49	0.04	
24	梁116	2931	Es_4^{cx}		原油	Ⅲ类		0.40	0.46	0.42	0.04	
25	高89	2995.20	Es_4^{cx}		原油	Ⅲ类		0.27	0.45	0.45	0.03	
26	高94	3638.16			油砂	Ⅲ类	0.81	0.41	0.55	0.66	0.10	
27	高94	3775.00			油砂	Ⅲ类	0.84	0.26	0.49	0.55	0.06	
28	高94	3782.60			油砂	Ⅲ类	0.87	0.20	0.49	0.57	0.04	
29	高94	3805			油砂	Ⅲ类	0.69	0.44	0.43	0.40	0.05	
30	高94	3818			油砂	Ⅲ类	0.66	0.38	0.45	0.42	0.04	

1. Ⅰ类原油特征

如图 3-50 所示,Ⅰ类原油的主要特征是 Pr/Ph<1,伽马蜡烷含量高,其含量高于 C_{31} 升藿烷,但小于 C_{30} 藿烷,C_{29} Ts 和 C_{30} 重排甾烷含量很低,奥利烷在谱图中可见,但含量很低,成熟度较低(表 3-9),Ts<Tm,规则甾烷分布中 $\alpha\alpha\alpha20RC_{27}>\alpha\alpha\alpha20RC_{29}$,4—甲基甾烷含量较低。

2. Ⅱ类原油特征

Ⅱ类原油的主要特征是 Pr/Ph>1,191 谱图中显示 Ts 略大于 Tm,规则甾烷分布中 $\alpha\alpha\alpha20RC_{27}>\alpha\alpha\alpha20RC_{29}$,伽马蜡烷含量很低,伽马蜡烷/$C_{31}$升藿烷值<0.2,奥利烷含量很低,在谱图中不可见,而 4—甲基甾烷在谱图中显示含量较高(图 3-51)。

3. Ⅲ类原油特征

Ⅲ类原油的主要特征是 Pr/Ph<1,伽马蜡烷含量中等(绝大部分伽马蜡烷/C_{31}升藿烷在 0.2~0.5 之间),奥利烷在谱图中可见,但含量很低(奥利烷/C_{30}藿烷<0.1),甲基

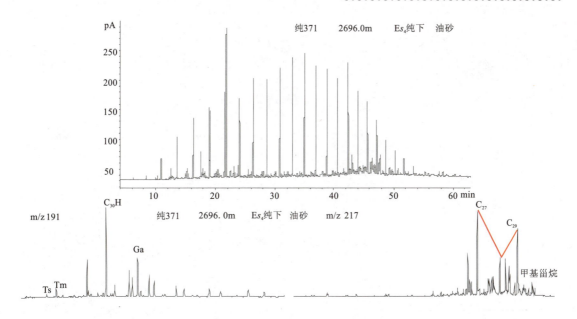

图 3-50 Ⅰ类原油色谱、色质谱特征

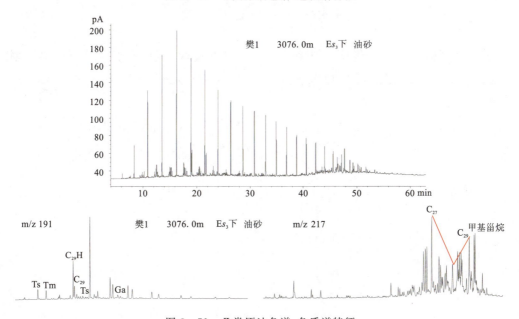

图 3-51 Ⅱ类原油色谱、色质谱特征

甾烷在谱图中显示含量较高(图 3-52),该类原油在平面上分布较广,其规则甾烷 $\alpha\alpha\alpha 20RC_{27}/\alpha\alpha\alpha 20RC_{29}$ 和 Ts/Tm 在平面上有些变化,这可能与岩性和岩相的非均质性、混源或次生变化有关。

4. Ⅳ类原油特征

Ⅳ类原油的主要特征是 Pr/Ph>1,伽马蜡烷含量中等(目前发现的该类原油见于史

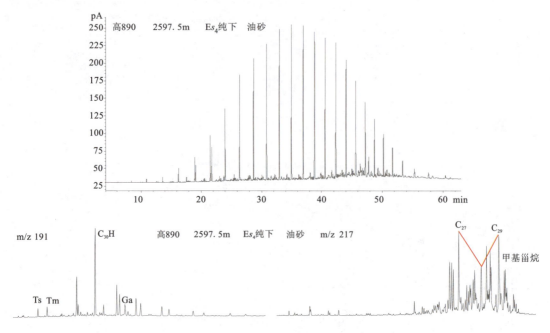

图 3-52 Ⅲ类原油色谱、色质谱特征

126纯下油砂），$Ts>Tm$，谱图中明显可见 4—甲基甾烷含量低、奥利烷含量高，规则甾烷 $\alpha\alpha\alpha20RC_{27}$、$\alpha\alpha\alpha20RC_{28}$、$\alpha\alpha\alpha20RC_{29}$ 呈 "V" 字形分布，且 $\alpha\alpha\alpha20RC_{29}>\alpha\alpha\alpha20RC_{27}$（图 3-53）。

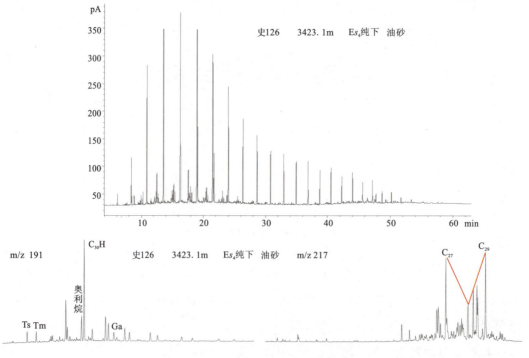

图 3-53 Ⅳ类原油色谱、色质谱特征

5. Ⅴ类原油特征

如图 3-54 所示,Ⅴ类原油的主要特征是 Pr/Ph<1,伽马蜡烷含量很高(高者远超过 C_{30} 藿烷),奥利烷含量较高,规则甾烷中 $\alpha\alpha\alpha20RC_{27}>\alpha\alpha\alpha20RC_{29}$,甲基甾烷含量中等。

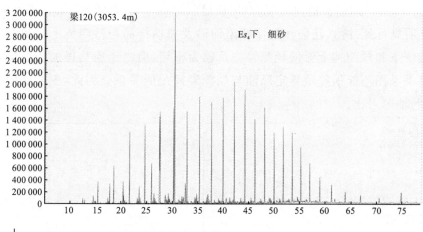

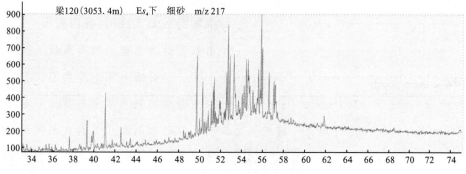

图 3-54　Ⅴ类原油色谱、色质谱特征

三、油源对比

油源对比包括油气与源岩之间以及不同油气层中油气之间的对比,目的在于追踪油气层中油气的来源。现代生油理论认为:烃源岩中干酪根生成的油气一部分运移到储集层中形成油气藏或逸散,其余部分残留在烃源岩中。因此,烃源岩与来自该层系的油气有亲缘关系,它们在化学组成上也必然存在某种程度的相似性。即来自同一烃源岩的油气在化学组成上具有相似性,相反,不同烃源岩生成的油气则表现出较大的差异。这就是油源对比的基本原理。

在用生物标志化合物进行油源对比过程中,主要有生物标志化合物原始谱图对比、系列参数对比和相对丰度系列对比。考虑本次收集的资料有限,比较这3种对比方法,把烃源岩和原油的原始谱图进行对比是最为有效的一种方法。

1. 参数对比法

根据原油和烃源岩地球化学的特征,选择奥利烷/C_{30}藿烷与伽马蜡烷/C_{31}升藿烷、C_{24}四环萜/C_{26}长链三环萜与伽马蜡烷/C_{31}升藿烷、Pr/Ph 与伽马蜡烷/C_{31}升藿烷、规则甾烷 $C_{21}/(C_{21}+C_{29})$ 与 C_{23}长链三环萜/(C_{23}长链三环萜+C_{30}藿烷)做相关图。从图 3-55、图 3-56 明显可见,博兴洼陷和利津洼陷油砂及原油样品与沙四纯下烃源岩关系不密切,而与沙三下和沙四纯上亚段烃源岩关系较为密切,但由于所获得的各层位烃源岩数据太少,该关系图不能很好地界定原油与烃源岩彼此的关系。为此,主要采用指纹谱图对比法进行油源对比。

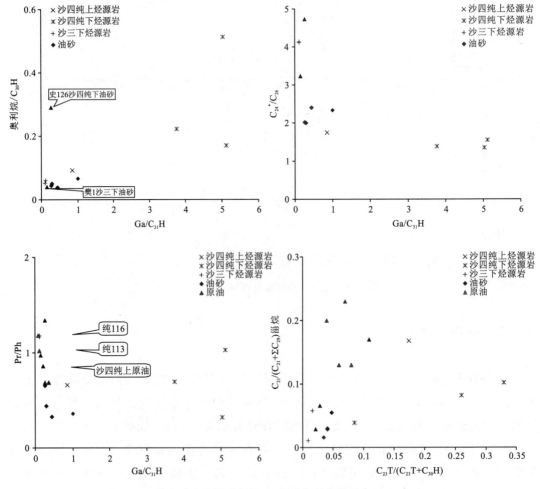

图 3-55 博兴洼陷烃源岩与油砂、原油相关参数图(据石油大学数据)

2. 指纹谱图对比法

1) Ⅰ类原油的油源对比

Ⅰ类原油的主要特征是伽马蜡烷含量很高,其含量高于 C_{31}藿烷和 C_{32}藿烷,但小于

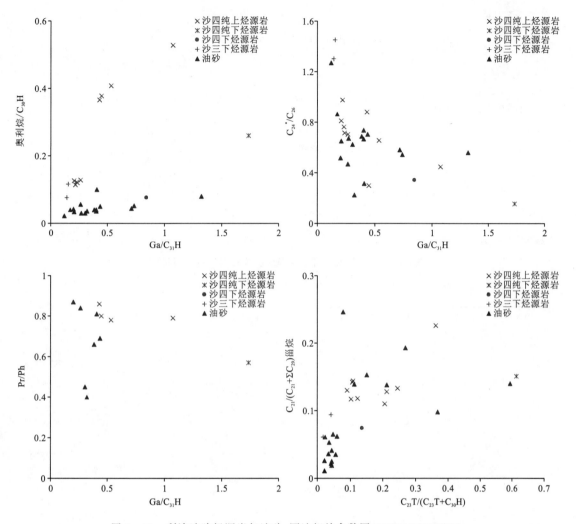

图 3-56 利津洼陷烃源岩与油砂、原油相关参数图(据胜利地科院数据)

C_{30}藿烷,成熟度较低,$Ts<Tm$,$\alpha\alpha\alpha 20RC_{27}>\alpha\alpha\alpha 20RC_{29}$,4—甲基甾烷含量较低,其谱图特征与纯古1井(3132.7m)沙四下和利津洼陷滨670井的沙四下的烃源岩具有良好的相似性(图3-57),因此,该类型原油来源于本地或利津洼陷沙四下烃源岩早期生成的烃类。

2)Ⅱ类原油的油源对比

Ⅱ类原油 $Pr/Ph>1$,是沙三下段烃源岩典型特征;其规则甾烷 $\alpha\alpha\alpha 20RC_{27}>C_{29}$,伽马蜡烷含量很低,也与沙三下段烃源岩特征类似;但该类原油甲基甾烷含量较高,Ts 与 Tm 相当,与沙四上段纯上亚段烃源岩特征类似(图3-58)。因此,推测该类原油为混合原油,其来源为沙三下段和沙四上段纯上亚段的混源。

3)Ⅲ类原油的油源对比

Ⅲ类原油在本次分析样品中所占比例很大,$Pr/Ph<1$,伽马蜡烷含量中等,甲基甾烷含量较高,与研究区纯上烃源岩具有较好的相似性(图3-59),但具有该类特征的原

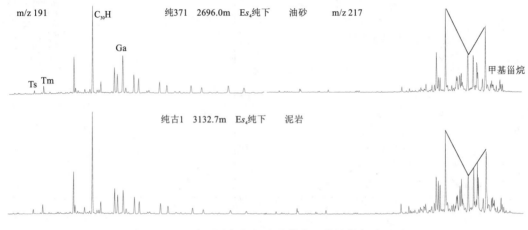

图 3-57 Ⅰ类原油与烃源岩的甾烷和萜烷特征对比图

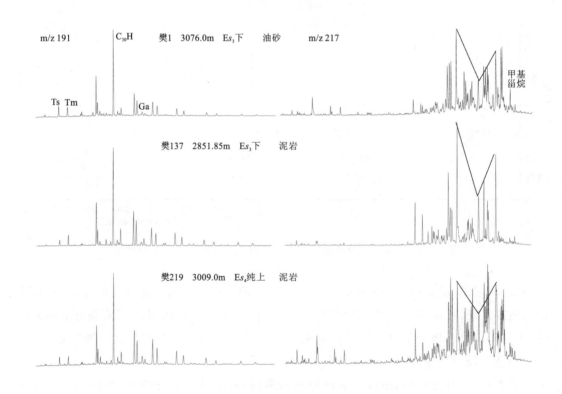

图 3-58 Ⅱ类原油与烃源岩的甾烷和萜烷特征对比图

油和油砂在不同地区与不同深度有些变化,这可能与不同地区本地烃源岩的输入或次生变化有关。

4)Ⅳ类原油的油源对比

Ⅳ类原油的主要特征是 4—甲基甾烷含量低,奥利烷含量高,说明其母源有高等植

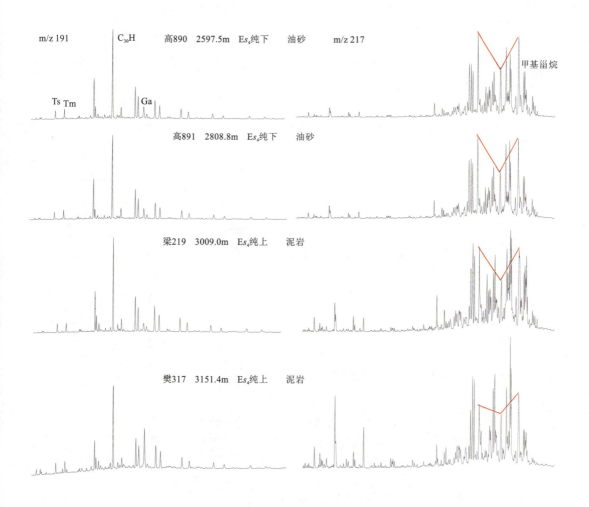

图 3-59　Ⅲ类原油与烃源岩的甾烷和萜烷特征对比图

物贡献,在收集的高 890、樊 137 的沙四段纯下亚段烃源岩中具有较高含量的奥利烷,说明该类原油可能来自沙四纯下段;同时,史 126 沙四段纯下亚段的泥岩样品显示伽马蜡烷含量极低(图 3-60),因此,该类原油可能为具有高奥利烷、低伽马蜡烷的本地沙四段纯下亚段烃源岩供给。

5) Ⅴ类原油的油源对比

Ⅴ类原油主要分布在利津洼陷,其特征是 Pr/Ph<1,伽马蜡烷含量很高,有的超过 C_{30} 藿烷,C_{29} Ts 含量较高,奥利烷含量较高,甲基甾烷含量中等(图 3-54),为利津洼陷沙四上段纯下亚段烃源岩特征(表 3-8)。

通过本次研究,对东营凹陷各套烃源岩地球化学特征的差异进行了总结,将西部滩坝砂油藏原油划分为 5 种类型,并对其进行了油源对比,其总结见表 3-10。

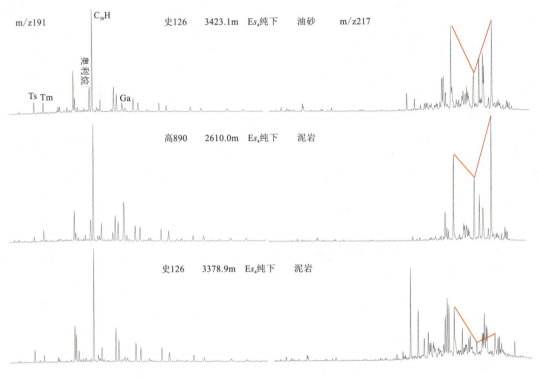

图 3-60 Ⅳ类原油与烃源岩的甾烷和萜烷特征对比图

表 3-10 五类原油油源对比总结表

原油类型	主要特征	原油代表井	可能来源	典型源岩
Ⅰ类	Pr/Ph<1,伽马蜡烷/C_{31}升藿烷>1,且伽马蜡烷/C_{30}藿烷<1,奥利烷含量很低,规则甾烷 $\alpha\alpha\alpha 20RC_{27}$>$\alpha\alpha\alpha 20RC_{29}$,4—甲基甾烷含量较低	纯371纯下	沙四下	纯古1
Ⅱ类	Pr/Ph>1,规则甾烷 $\alpha\alpha\alpha 20RC_{27}$>$\alpha\alpha\alpha 20RC_{29}$,伽马蜡烷/$C_{31}$升藿烷值<0.2,奥利烷含量很低,4—甲基甾烷含量较高	樊1沙三下 纯116纯下	沙三下段和沙四上段纯上亚段	樊137沙三下和梁219沙四纯上
Ⅲ类	Pr/Ph<1,伽马蜡烷/C_{31}升藿烷大部分在0.2~0.5之间,奥利烷含量很低,甲基甾烷含量较高	高890纯下	沙四上段纯上亚段	梁219沙四纯上
Ⅳ类	Pr/Ph>1,伽马蜡烷含量中等,4—甲基甾烷含量低,奥利烷含量高,规则甾烷 $\alpha\alpha\alpha 20RC_{29}$>$\alpha\alpha\alpha 20RC_{27}$	史126纯下	沙四上段纯下亚段	
Ⅴ类	Pr/Ph<1,伽马蜡烷/C_{30}藿烷>1,奥利烷含量较高,规则甾烷 $\alpha\alpha\alpha 20RC_{27}$>$\alpha\alpha\alpha 20RC_{29}$,4—甲基甾烷含量中等	梁120沙四下 (3053.4m)	沙四上段纯下亚段	

第六节 滩坝砂油藏特征总结

在东营凹陷西部滩坝砂油藏特征统计的基础上,对研究区滩坝砂油藏的分布特征、油藏类型、原油流体性质、储层物性和油藏温压性质等进行了统计,明确了沙四上亚段滩坝砂油藏的特征。东营凹陷西部沙四上亚段滩坝砂油藏围绕博兴洼陷和利津洼陷的生烃灶呈环带状分布,为近源成藏,主要分布在博兴洼陷的南部斜坡和利津洼陷的西南斜坡带上。沙四上亚段滩坝砂油藏主要有构造油气藏、岩性油气藏和构造-岩性油气藏3种类型,其中以构造-岩性油气藏为主。沙四上亚段原油主要是轻质原油,具有低硫、低蜡的特点,原油的动力黏度和凝固点的分布范围较广,平均凝固点约为30℃(表3-1)。沙四上亚段滩坝砂储层的孔隙类型主要为原生孔隙和次生孔隙,孔隙度在1.63%~38.2%之间,平均值为16.3%;渗透率范围在$(0.01~351)\times10^{-3}\mu m^2$之间,平均值为$15.21\times10^{-3}\mu m^2$,属于中孔中渗储层(表3-2)。此外,油气成藏的门限物性随着埋藏深度的增加成递减趋势。沙四上亚段地层的温度范围为21~166℃,平均值为124.75℃;压力系数范围为0.42~1.7,平均值为1.16,整体表现为常压-超压特征。

一、利津洼陷滩坝砂油藏特征

1. 博15—史122剖面

博15—史122剖面以南北向横跨利津洼陷和博兴洼陷,根据油藏所处的地理位置及压力系统将这条剖面上的油藏分为3种油藏类型:洼陷超压系统油藏、斜坡带超压系统油藏和常压系统油藏(图3-61)。

1)洼陷超压系统油藏特征

油藏分布在梁65—梁76—史14井之间,发育在断层的上下两盘,由于未检测到油包裹体,所以没有QF-535及古油包裹体密度信息;其原油密度范围为0.8338~0.8868g/cm³,平均值为0.8563g/cm³,属于轻质原油;原油中烷烃组分含量范围为51.85%~73.93%,平均值为64.85%,芳烃组分含量范围为11.94%~19.63%,平均值为15.2925%,非烃组分含量范围为5.21%~29.22%,平均值为16.075%,沥青质含量为0;油藏压力范围为28.61~63.67MPa,平均值为44.48MPa,温度范围为144~151℃,平均值为146.67℃;含油柱高度范围为102~196.2m,平均值为161.65m,其地层水的总矿化度范围为143 980~266 865mg/L,平均值为210 826.71mg/L,地层水为氯化钙型。

2)斜坡带超压系统油藏特征

油藏分布在纯66—梁112—梁109—梁56井之间,发育在断层的上下两盘,检测到3期油充注,充注时间分别为0~4.3Ma、4.8~12.5Ma、25.1~34.8Ma,油包裹体QF-

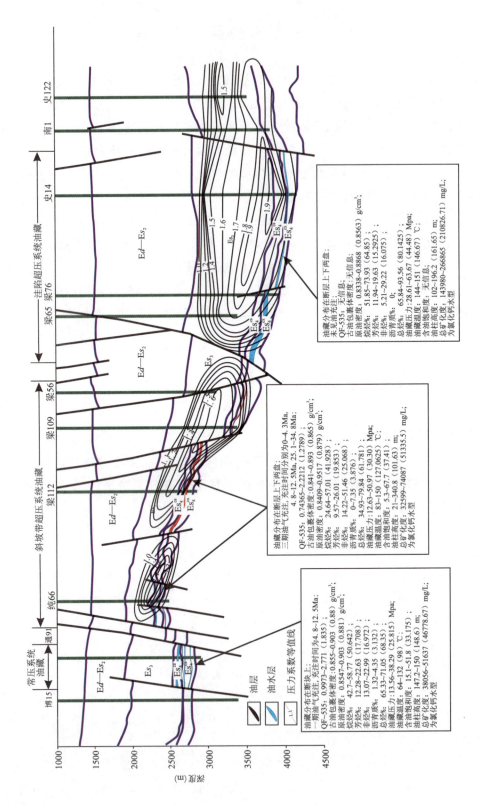

图 3-61 博15—史122油藏特征参数剖面图

535 范围为 0.743 65～2.2212，平均值为 1.2789，古油包裹体密度范围为 0.841～0.893g/cm³，平均值为 0.865g/cm³；原油密度范围为 0.8409～0.9517g/cm³，平均值为 0.879g/cm³，属于轻质原油，也存在中质油及重质油；原油中烷烃组分含量范围为 24.64%～57.01%，平均值为 41.928%，芳烃组分含量范围为 9.57%～26.01%，平均值为 19.853%，非烃组分含量范围为 14.22%～51.46%，平均值为 25.068%，沥青质含量范围为 0～7.35%，平均值为 3.876%；油藏压力范围为 12.63～50.97MPa，平均值为 30.30MPa，温度范围为 83～150℃，平均值为 127.0625℃；储层含油饱和度范围为 5.3%～67.7%，平均值为 37.41%，含油柱高度范围为 21～340.8m，平均值为101.63m，地层水的总矿化度范围为 32 599～74 087mg/L，平均值为 51 335.5mg/L，地层水为氯化钙型。

3）超压系统油藏特征

油藏分布在博 15—通 91 井之间，发育在断块上，检测到一期油充注，充注时间为 4.8～12.5Ma，油包裹体 QF-535 范围为 0.9973～2.771，平均值为 1.835，古油包裹体密度范围为 0.855～0.903g/cm³，平均值为 0.88g/cm³；原油密度范围为 0.8547～0.903g/cm³，平均值为 0.881g/cm³，属于轻质原油，也存在中质油；原油中烷烃组分含量范围为 42.7%～58.77%，平均值为 50.642%，芳烃组分含量范围为 12.28%～22.63%，平均值为 17.708%，非烃组分含量范围为 13.07%～22.99%，平均值为 16.972%，沥青质含量范围为 1.32%～4.35%，平均值为 3.132%；油藏压力范围为 13.56～38.29MPa，平均值为25.815MPa，温度范围为 64～132℃，平均值为 98℃；储层含油饱和度范围为 15.1%～51.8%，平均值为 33.175%，含油柱高度范围为 147.2～150m，平均值为 148.6m，地层水的总矿化度范围为 38 056～51 637mg/L，平均值为46 778.67mg/L，地层水为氯化钙型。

2. 滨 412—史 14 井剖面

滨 412—史 14 井剖面为利津洼陷中东西向剖面，根据油藏所处地理位置及压力系统将此剖面上的油藏划分为洼陷超压系统油藏和斜坡带超压系统油藏两种类型（图 3-62）。

1）洼陷超压系统油藏特征

油藏分布在滨 410—滨 437—史 14 井之间，发育在断层的下盘，油包裹体 QF-535 范围为1.2485～1.912，平均值为 1.521，古油包裹体密度范围为 0.865～0.885g/cm³，平均值为0.874g/cm³；原油密度范围为 0.7978～0.8868g/cm³，平均值为 0.8404g/cm³，属于轻质原油；原油中烷烃组分含量范围为 37.5%～73.93%，平均值 58.14%，芳烃组分含量范围为 9.86%～19.63%，平均值 14.23%，非烃组分含量范围为 5.21%～34.03%，平均值 22.164%，沥青质含量范围为 0～6.25%，平均值为 1.53%；油藏压力范围为 20.48～63.67MPa，平均值为 41.22MPa，温度范围为 125～155℃，平均值为

140℃;储层含油饱和度范围为8.6%～45.4%,平均值为29.61%,含油柱高度范围为85.4～235.6m,平均值为161.27m,地层水的总矿化度范围为119 065～266 865mg/L,平均值为188 154mg/L,地层水为氯化钙型。

2)斜坡带超压系统油藏特征

油藏分布在滨418—滨183井之间,发育在断层的上下两盘,检测到3期油充注,充注时间分别为0～4.3Ma、4.8～12.5Ma、25.1～34.8Ma,油包裹体QF-535范围为0.6426～2.4812,平均值为1.3569,古油包裹体密度范围为0.835～0.989g/cm³,平均值为0.867g/cm³;原油密度范围为0.8333～0.8874g/cm³,平均值为0.8647g/cm³,属于轻质原油,原油中烷烃组分含量范围为48.52%～65.54%,平均值为59.286%,芳烃组分含量范围为14.39%～18.59%,平均值为15.998%,非烃组分含量范围为11.2%～14.87%,平均值为13.446%,沥青质含量范围为0～10.1%,平均值为4.156%;油藏压力范围为18.95～40.89MPa,平均值为27.2MPa,温度范围为81～125℃,平均值为110.47℃;储层含油饱和度范围为5.8%～63.4%,平均值为32.45%,含油柱高度范围为23.4～216.7m,平均值为113.43m。

二、博兴洼陷滩坝砂油藏特征

金16—樊169井剖面为博兴洼陷剖面,根据油藏所处地理位置及压力系统将此剖面上的油藏划分为洼陷超压系统油藏和斜坡带超压系统油藏两种类型(图3-63)。

1)洼陷超压系统油藏特征

油藏分布在樊169—樊1—樊119井之间,其分布受高青—平南断层的控制,检测到2～3期油充注,充注时间分别为0～4.3Ma、4.8～12.5Ma,油包裹体QF-535范围为0.7134～1.9608,平均值为1.057,古油包裹体密度范围为0.84～0.887g/cm³,平均值为0.885g/cm³;原油密度范围为0.8385～0.8604g/cm³,平均值为0.8484g/cm³,属于轻质原油;油藏压力范围为22.06～44.37MPa,平均值为36.15MPa,温度范围为129～152℃,平均值为145.375℃;储层含油饱和度范围为26.3%～53.6%,平均值为40.17%,地层水的总矿化度范围为60 760～67 976mg/L,平均值为65 296.67mg/L,地层水为氯化钙型。

2)斜坡带超压系统油藏特征

油藏分布在樊291—樊4—高893—高89—高891—高896井之间,发育在断层的上下两盘,共检测到3期油充注,充注时间分别为0～4.3Ma、4.8～12.5Ma、25.1～34.8Ma,油包裹体QF-535范围为0.9417～1.9849,平均值为1.4533,古油包裹体密度范围为0.852～0.887g/cm³,平均值为0.872g/cm³;原油密度范围为0.8378～0.9039g/cm³,平均值为0.8696g/cm³,属于轻质原油,也存在中质油;原油中烷烃组分含量范围为

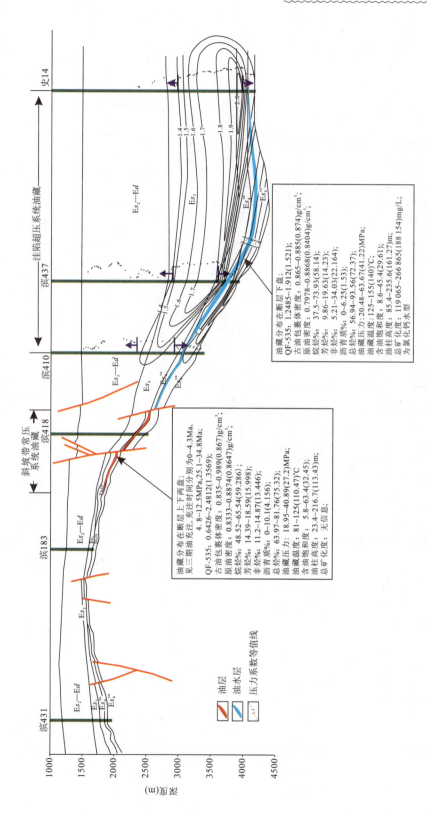

图3-62 滨431—史14油藏特征参数剖面图

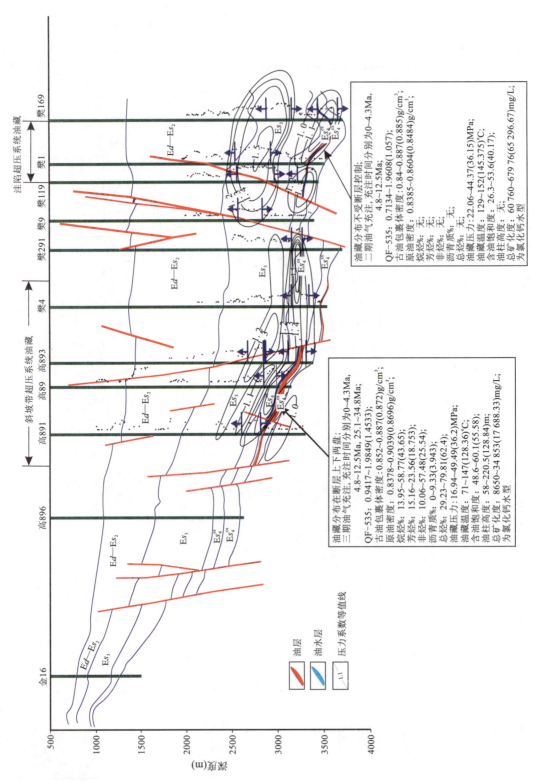

图 3-63　金 16—樊 169 油藏特征参数剖面图

13.95%~58.77%,平均值为43.65%,芳烃组分含量范围为15.16%~23.56%,平均值为18.753%,非烃组分含量范围为10.06%~57.48%,平均值为25.54%,沥青质含量范围为0~9.33%,平均值为3.943%;油藏压力范围为16.94~49.49MPa,平均值为36.2MPa,温度范围为71~147℃,平均值为128.36℃;储层含油饱和度范围为48.6%~60.1%,平均值为55.58%,含油柱高度范围为58~220.5m,平均值为128.84m,地层水的总矿化度范围为8650~34 853mg/L,平均值为17 688.33mg/L,地层水为氯化钙型。

第四章 滩坝砂油藏成藏期次划分及成藏时期确定

确定油气成藏期一直是研究油气成藏过程的核心内容,最常用的方法是根据圈闭发育史、烃源岩主生烃期或者油藏饱和压力确定油气藏的成藏期。随着科技的进步和技术的发展,确定油气成藏期的方法发展为以盆地的沉积埋藏史、构造演化史、热演化史及匹配各种成藏条件为基础,结合油气的非均一性、流体包裹体分析、成岩矿物定年及储层沥青分析等油气藏直接化学证据综合划分油气成藏期次及确定主成藏期。

本研究就是利用流体包裹体系统分析的方法来划分滩坝砂油藏的成藏期次和确定成藏期。流体包裹体是在主矿物结晶生长的过程中,被流体充填或滞留在晶体缺陷中的随着主矿物继续生长所封闭形成的,所以它是成岩成矿的"原始样品"。这些"原始样品"含有丰富的油气成藏信息,不受后期油气的继承性活动的变化而变化,是油气运移-聚集成藏历史的最好记录,可以用来有效地解决油气成藏过程中的成藏期次及时间等问题。

第一节 流体包裹体荧光特征及荧光光谱分析

一、有机包裹体荧光特征

本书共测试了52口井149块流体包裹体样品,采样井在东营凹陷西部均有分布(图4-1)。观察东营凹陷西部沙四上亚段双面抛光的包裹体薄片可知,研究区普遍发育烃类包裹体,主要检测到以下4种烃类包裹体:气-液两相油包裹体、富气相油包裹体、纯气相包裹体和沥青包裹体,其中最丰富的是气液两相油包裹体。烃类包裹体的形状没有盐水包裹体的形状规则,大多数呈现长条状、长椭圆状、球状,部分表现为极其的不规则状;其大小普遍比同期盐水包裹体大,最大可达 $20\mu m$;单偏光下多呈浅褐色-深褐色,纯气相包裹体和沥青包裹体为黑色。东营凹陷西部流体包裹体的产状多样,多为石英颗粒内裂纹、穿石英颗粒裂纹、长石继承性裂纹、长石解理纹、方解石胶结物和石英次生加大边。

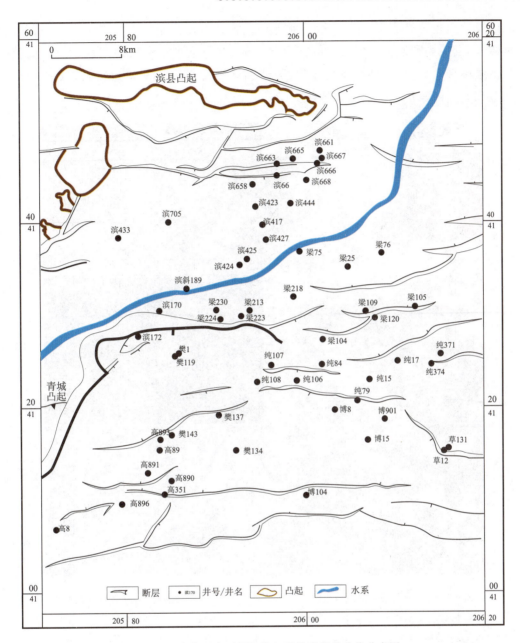

图 4-1 东营凹陷西部流体包裹体采样井井位分布图

在紫外光的照射下,流体包裹体所表现的颜色一直是鉴定烃类包裹体的基础,也是推断包裹体所捕获的烃类流体类型的重要依据。烃类包裹体的荧光颜色反映所捕获的有机质的热演化程度,随着有机质成熟度从低到高(油质由重到轻),包裹体的荧光颜色由(红移)火红色→橙色→黄色→蓝色(蓝移)变化。

根据烃类包裹体的荧光颜色将东营凹陷西部的油气充注至少分为 3 期:第一期烃类包裹体发橙色-黄色荧光,第二期烃类包裹体发浅黄色-黄绿色荧光,第三期烃类包裹体主要以发蓝白色荧光为主(图4-2)。此外还检测到不发荧光的纯气相包裹体和富气相包裹体、不发荧光和发黄白色荧光的沥青包裹体,并发现大量的发亮黄色、黄色、褐色荧光的油浸染现象,可见发育在粒间孔隙、裂缝和微裂纹中的不发荧光的沥青(图4-3),证明早期充注的原油在后期可能遭受裂解。

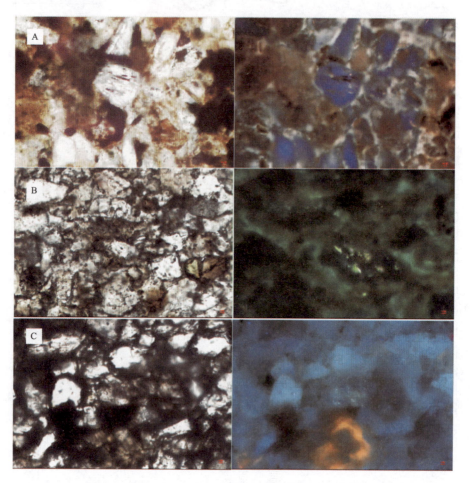

图4-2 东营凹陷西部流体包裹体荧光颜色典型照片(左为透射光,右为紫外荧光)
A.滨417井,2884.50m,Es_4^s,油浸细砂岩,石英颗粒内裂纹中见发黄色荧光的油包裹体;B.纯84井,2556.37m,Es_4^s,灰色油浸中粗砂岩,穿石英颗粒裂纹中见发黄绿色荧光的油包裹体;C.梁218井,3232.45m,Es_4^{sx},灰白色细砂岩,长石解理纹中见发蓝白色荧光的油包裹体

1. 博兴断阶构造带

此构造带在沙四上亚段除了检测到至少3期石油充注,还可见不发荧光的纯气相包裹体、沥青包裹体及发荧光的油浸染(图4-3)。例如,位于斜坡带上的纯107井存在3期石油充注:一期为发黄色荧光的低成熟度原油充注;二期为发淡黄色-黄绿色荧光的中等成熟度原油充注;三期为发弱白色-蓝白色荧光的高成熟度原油充注。同时在方解石

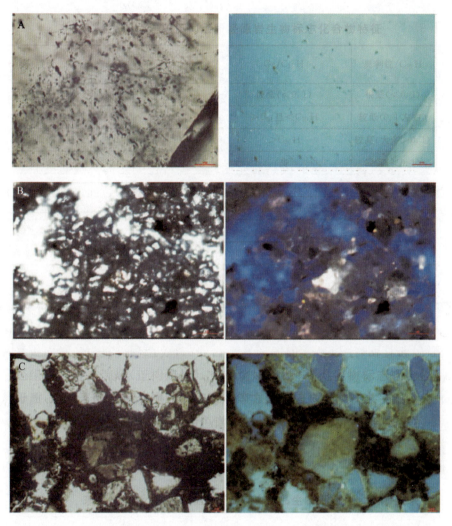

图 4-3 东营凹陷西部沙四上亚段典型荧光照片(左为透射光,右为紫外荧光)

A. 纯 107 井,2942.75m,Es_{4s}^{cx},灰色粉砂岩含方解石脉,方解石脉中可见不发荧光的纯气相包裹体和沥青包裹体;B. 高 351 井,2430.24m,Es_{4s}^{cx},灰绿色细砂岩,粒间孔隙可见亮黄色油浸染;C. 梁25 井,3116.95m,Es_4^s,灰白色细砂岩,裂缝及粒间见发褐色荧光的沥青

脉中检测到不发荧光的纯气相包裹体和沥青包裹体。在纯 371 井中没有检测到发荧光的烃类包裹体,仅在穿石英颗粒裂纹中发现不发荧光的纯气相包裹体与富气相包裹体,同时在粒间孔和裂缝中充填大量黑色不发荧光的沥青,可能是早期充注的原油遭受氧化降解。博 15 井在纯下一砂组中检测到一期发橙色荧光和黄色荧光的低成熟油充注,试油结果显示原油密度为 0.903g/cm³,表明油藏中原油成熟度低就是因为这期石油的充注。位于博兴洼陷中心的樊 119 井在沙四上亚段见 2 期石油充注:第一期是低成熟度的石油充注,发黄色荧光;第二期是高成熟度的石油充注,发蓝白色荧光。

2. 滨南-利津断阶构造带

此构造带在沙四上亚段至少存在3期石油充注,仅检测到发黄白色荧光的沥青包裹体和发荧光的油浸染,并没有发现纯气相包裹体(图4-3)。斜坡带上,滨425井在石英颗粒内裂纹和穿石英颗粒裂纹中发育发淡黄色荧光的油包裹体,在石英颗粒内裂纹、长石解理纹和穿石英颗粒裂纹中检测到发黄色荧光的油包裹体,说明至少存在一期低成熟油充注和中等成熟油充注。梁218井检测到3期石油充注,分别为发黄色荧光的低成熟度原油充注、发淡黄色荧光的成熟油充注和发蓝白色荧光的高成熟度原油充注。靠近利津洼陷中心的梁25井没有检测到油包裹体,仅在裂缝和粒间发现不发荧光的沥青及发黄褐色荧光的油浸染,沥青的存在表明早期充注的原油可能遭受裂解。

二、荧光光谱分析

沉积有机质的荧光机理及荧光光谱分析在20世纪70、80年代得到极大的发展,利用原油的荧光特征研究油气运移已经成为经济、方便且有效的手段。随着有机包裹体的研究进展,荧光光谱技术在石油包裹体的研究中得到了普遍应用,油包裹体的荧光颜色、最大主峰波长、红绿商(Q值=I_{650}/I_{500})、半峰宽及QF-535等参数(图4-4)成为评价油包裹体成熟度的重要参数。尽管油包裹体的荧光颜色与成熟度的关系还存在争议,但是结合流体包裹体显微测温,油包裹体的荧光颜色是可以指示油包裹体成熟度的。

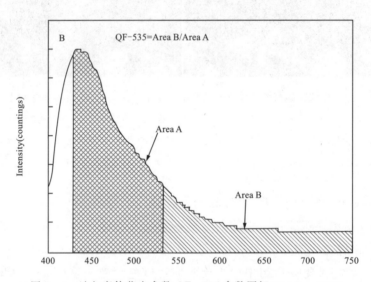

图4-4 油包裹体荧光参数QF-535参数图解(据Munz,2001)

结合烃类包裹体的荧光光谱,可以将东营凹陷西部烃类包裹体分为4种类型(图4-5):第一类包裹体发黄色-亮黄色荧光(图4-5A、图4-5B),主要分布在洼陷外围,如博 15、滨 658、纯 374 和纯 371 等井;第二类和第三类包裹体发淡黄色-黄绿色荧光的油包裹体(图 4-5C、图 4-5D),这两种类型的油包裹体分布广泛,在全研究区均有分布;第四类包裹体发蓝白色荧光(图 4-5E),其分布主要局限在博兴洼陷的樊 1 区块和纯梁区块。

通过油包裹体荧光光谱分析,利用其成熟度参数(Q、QF-535)及光谱特征评价油源及油气运移路径等。通过对比将荧光光谱强度标准化到 0~1 范围内的荧光光谱图可以排除油包裹体大小对荧光强度的干扰,从而可以定性地比较油包裹体总体成分的变化以及油包裹体荧光特征的变化是由成熟度、运移分馏还是生物降解与水洗作用引起的。红绿商值(Q)物理意义是波长为 650nm 对应的荧光强度与波长为 500nm 对应的荧光强度的比值;QF-535 代表波长为 750~535nm 之间的光谱曲线所围成的面积与波长为 430~535nm 之间光谱曲线围成面积的比值(图 4-4,Munz,2001)。Q 值和 QF-535 都是油包裹体成熟度参数,随着成熟度增大,Q 值和 QF-535 都减小。

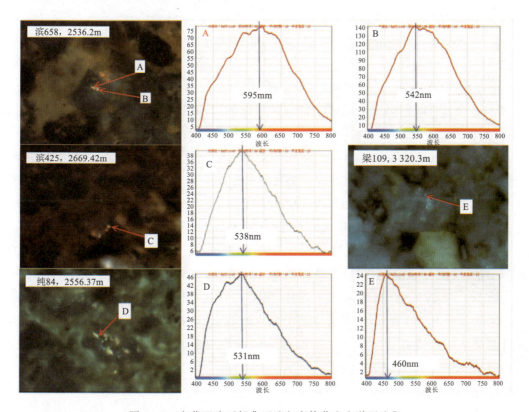

图 4-5 东营凹陷西部典型油包裹体荧光光谱照片集

通过提取采样井沙四上亚段油包裹体荧光光谱成熟度参数 QF-535 的频率分布,可以确定研究区总体的油气充注幕次。图 4-6 即为采样井沙四上亚段油包裹体成熟度频率分布直方图,由图可知总体上沙四上亚段存在 4 幕原油充注(A 幕、B 幕、C 幕、D

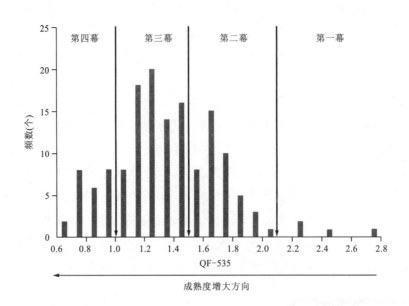

图 4-6　东营凹陷西部沙四上亚段油包裹体成熟度(QF-535)频率分布直方图

幕),第一幕油(A)特征:黄色荧光、2.5＜QF-535＜3.1;第二幕油(B)特征:黄色荧光、1.5＜QF-535＜2.3;第三幕油(C)特征:黄色荧光、1.1＜QF-535＜1.5;第四幕油(D)特征:蓝色荧光、0.6＜QF-535＜1.1。

　　第一幕原油充注范围最小,主要局限在纯 374、滨 658 和博 15 井等构造高部位(图 4-7)。第二幕原油充注范围较广主要分布在滨 658、滨 661、滨 666、滨 667、滨 668、滨 423、滨 417、滨 425、纯 108、纯 15、纯 79、樊 119、樊 134、樊 137、高 89、高 890、高 891、高 351、梁 104、梁 218、梁 223 和梁 224 等井(图 4-8)。第三幕原油充注范围也较广,主要分布在滨 170、滨 66、滨 661、滨 663、滨 666、滨 668、滨 658、滨 433 和滨 425 井、纯 108、纯 15、纯 17、纯 79、纯 84、草 131、樊 119、樊 137、樊 143、高 351、高 89、高 890、高 891、高 896、梁 104、梁 105、梁 218 和梁 230 等井(图 4-9)。由图 4-8、图 4-9 可见第二幕和第三幕原油平面上呈连片充注,并且主要分布在今油藏区域,表明第二幕和第三幕原油充注可能对今油藏成藏贡献最大。第四幕原油成熟度最高,主要充注范围为滨 172、滨 423、滨 425、滨 666、滨斜 189、草 12、纯 106、纯 15、樊 119、樊 137、梁 109、梁 218 和梁 230 等井区(图 4-10)。

　　油包裹体荧光颜色通常可以指示捕获的油组分、成熟度及可能的油源,利用油包裹体荧光特征可以重构油气运移路径。早在 1981 年 Gijzel 就报道了原油荧光颜色与成熟度关系,随着原油成熟度增加,其荧光颜色向短波方向移动(蓝移),随后原油荧光特征在油气领域研究中得到大量应用。Bodnar(1990)修正了 Lang 和 Gelfand(1985)荧光颜色与原油密度关系,首次将油包裹体荧光颜色与密度定性地对应起来。尽管油包裹体荧

第四章 滩坝砂油藏成藏期次划分及成藏时期确定

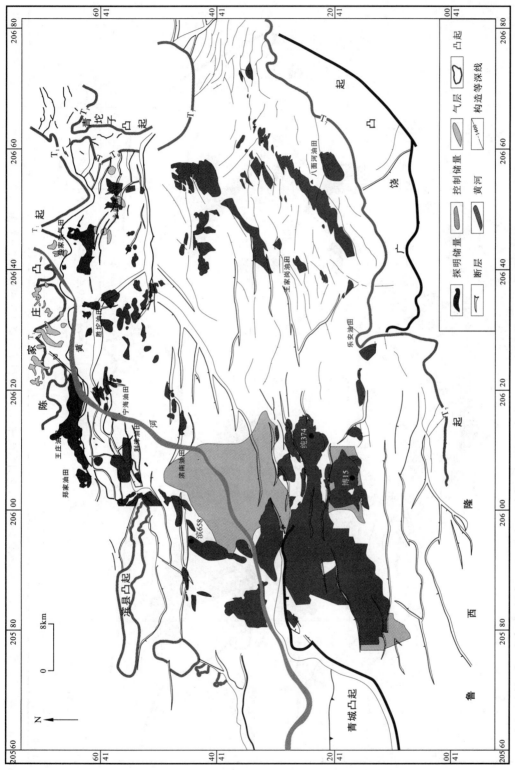

图 4-7 东营凹陷西部沙四上亚段第一幕油包裹体充注分布图

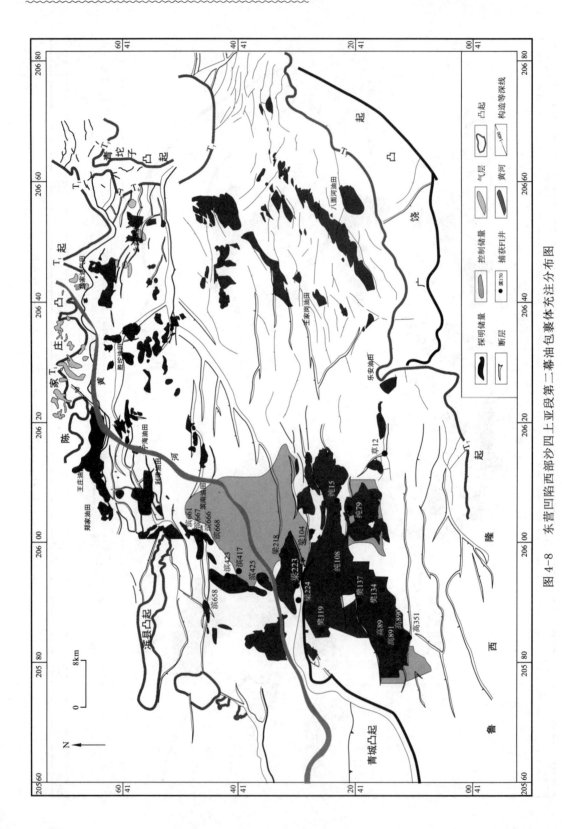

图 4-8 东营凹陷西部沙四上亚段第二幕油包裹体充注分布图

第四章 滩坝砂油藏成藏期次划分及成藏时期确定

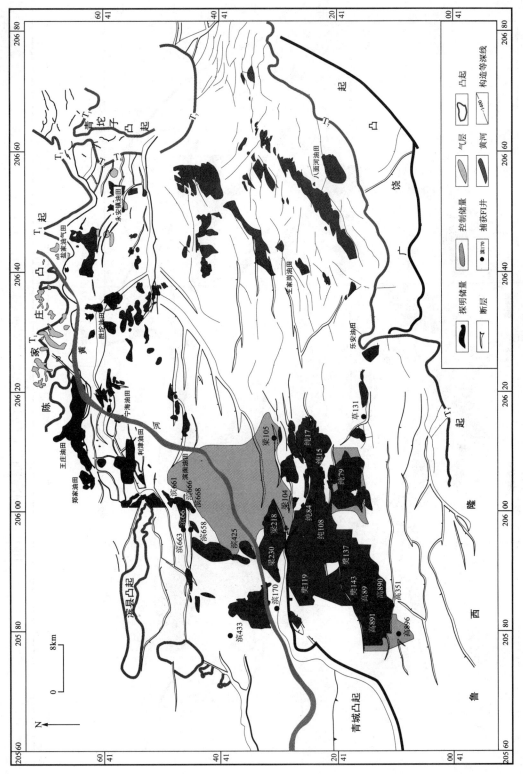

图 4-9 东营凹陷西部沙四上亚段第三幕油包裹体充注分布图

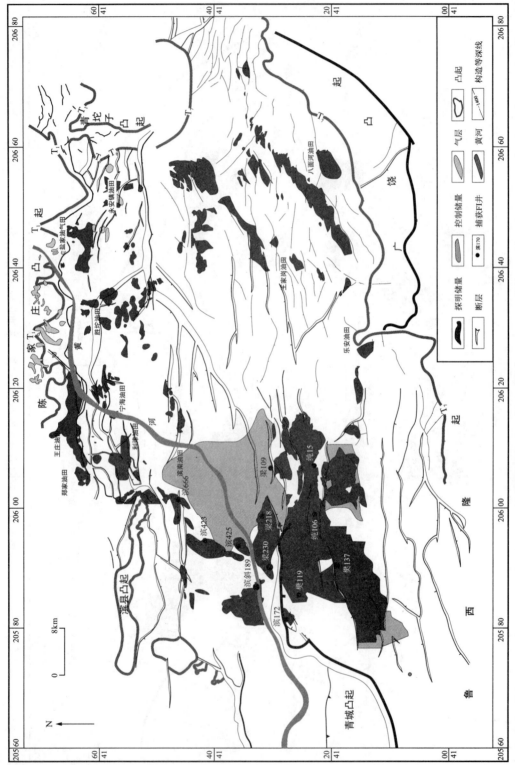

图4-10 东营凹陷西部沙四上亚段第四幕油包裹体充注分布图

光颜色与成熟度关系还存在争议,但是在同一石油系统中,油包裹体荧光颜色与其密度关系已经在油气研究中广为应用。通常,油包裹密度是通过已知的参照原油荧光颜色、荧光光谱参数或者荧光色度值与已知原油密度关系校正得到的。值得注意的是包裹体中捕获的原油是位于封闭体系内的,在室温下包裹体内压力往往要达到几个兆帕,油中会溶解部分天然气,而参照原油在常温常压条件下几乎缺少挥发性组分,那么包裹体内原油中溶解的天然气是否会对荧光属性有较大影响呢？Blanchet et al.(2003)认为溶解的天然气对油包裹体荧光影响非常有限。因此,利用参照原油的荧光属性间接地确定油包裹体密度是可行的。此外需要注意的是,利用已知原油来校正油包裹体油密度时,参照原油最好应与包裹体油来源于同一石油系统。

油包裹体密度可以通过已知密度的原油荧光参数来约束获取(Blanchet et al,2003;Bodnar,1990;Stasiuk & Snowdon,1997)。本次研究中油包裹体密度是通过采集15个东营凹陷西部沙四上亚段油藏原油的微束荧光光谱建立荧光参数 QF-535 与原油 API 度函数关系而获取的。图4-11是最终拟合的原油密度与荧光 QF-535 关系图,用于计算东营凹陷西部沙四上亚段油包裹体密度的函数关系如公式(4-1)所示:

$$y = 0.855x^{0.053} \qquad R^2 = 0.985 \qquad (4-1)$$

最终根据公式(4-1)计算了各采样井深度检测到的各幕油包裹体密度。表4-1为根据公式(4-1)换算的各幕次原油密度范围。

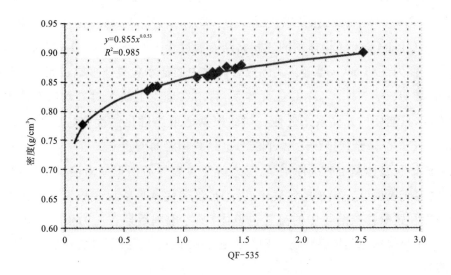

图4-11 东营凹陷沙四上亚段油藏油密度和荧光参数(QF-535)关系图

表 4-1　不同幕次原油对应成熟度(QF-535)与密度分布表

参数 幕次	QF-535		密度(g/cm³)	
	最小值	最大值	最小值	最大值
第一幕	2.1	2.9	0.890	0.906
第二幕	1.6	2.1	0.877	0.890
第三幕	1	1.6	0.855	0.877
第四幕	0.6	1	0.832	0.855

第二节　油气充注期次及时期确定

一、流体包裹体显微测温分析

根据荧光观察,我们能够有效区分盐水(无机)和油(有机)流体包裹体。对于盐水包裹体,可根据三相共结点或初熔点(T_e,℃)初步判断它主要属于哪一类二元盐水体系,譬如,H_2O-$NaCl$体系的三相共结点温度为-20.8℃,H_2O-KCl体系的三相共结点温度为-10.6℃,H_2O-$CaCl_2$体系的三相共结点温度为-49.8℃,H_2O-$MgCl_2$体系的三相共结点温度为-33.6℃,等等。实际成岩矿物中的盐水包裹体多是二元以上的盐水体系,常见的是H_2O-$NaCl$-$CaCl_2$三元体系,目前在理论上缺乏对二元以上盐水体系的共结点资料,只能用二元体系来近似。如此根据冰最终融化温度(冰点,T_m,℃)换算的相当H_2O-$CaCl_2$体系盐度(wt.%,NaCl)也只有相对参考意义。

成岩流体包裹体测定时的原则是:①为避免包裹体后期形变对测试的影响,选择个体较小、气泡充填度(F_v)较小的包裹体进行测试;②优选最能反映成岩环境的石英颗粒次生加大边和碳酸盐胶结物中的流体包裹体;③考虑到后期古压力模拟和流体势分析的需要,选择与盐水包裹体共生的同期烃类包裹体进行测定;④每块样品均尽量测试各个期次的数据。

在前期有机包裹体荧光观察的基础上,我们对标定的有机包裹体及其同期盐水包裹体进行显微测温。盐水包裹体分期依据有两点原则:①具有相同产状和相似气泡充填度的流体包裹体组合(Fluid inclusion assemblage);②对同一产状和不同气泡充填度包裹体的均一温度按15℃间隔分期(Goldstein R H,2001)。通过测试,最终获得东营凹陷西部54口井132块样品中共1141个有效数据点,平均均一温度统计见表4-2。

二、油气成藏期次划分及成藏时期确定

与烃类包裹体同期的盐水包裹体均一温度分布不仅可以用来作为古温度的近似值和热事件的标志,还可以用作油气成藏期次划分的有效依据。由于烃类包裹体成分复杂,且大部分烃类包裹体内含有少量的薄膜水附着在内壁上,导致烃类包裹体均一温度测试值不能代表其被捕获时的地层温度,因此选用与烃类包裹体相伴生的同期盐水包裹体均一温度作为有机包裹体被捕获时的地层温度。将各期与油、气包裹体相伴生的同期盐水包裹体的均一温度投影到单井埋藏史图上,就可以比较准确地确定该地区的油气成藏时期(张金亮,1998;郑有业等,1998;邱楠生等,2000;王飞宇等,2002;孙玉梅等,2002;杨威等,2002;陈文学等,2002;陈红汉等,2003;马茂艳等,2004;刘建章等,2005;欧光习等,2006;陶士振等,2006)。

综合利用流体包裹体显微测温和埋藏史投点确定东营凹陷西部沙四上亚段滩坝砂油藏成藏期次及时间。图4-12是根据流体包裹体均一温度和埋藏史投点法确定的东营凹陷西部沙四上亚段油气充注时期频率分布图。图4-13为流体包裹体采样井油气充注期次图。图4-12和图4-13表明东营凹陷西部沙四上亚段主要经历三期原油充注,第一期原油充注开始于34.8Ma(Es_1晚期)直到25.1Ma(Ed晚期),第二期原油充注时间为12.3~4.8Ma(Ng中期~Nm早期),第三期原油充注时间为4.3~0Ma(Nm中期~现今)。

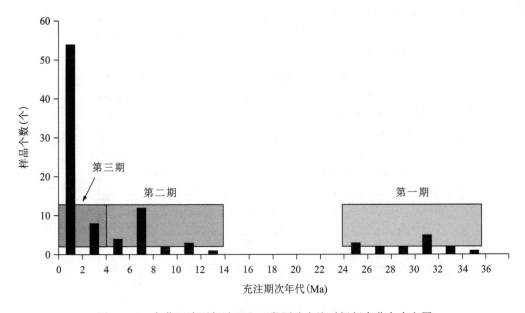

图4-12 东营凹陷西部沙四上亚段原油充注时间频率分布直方图

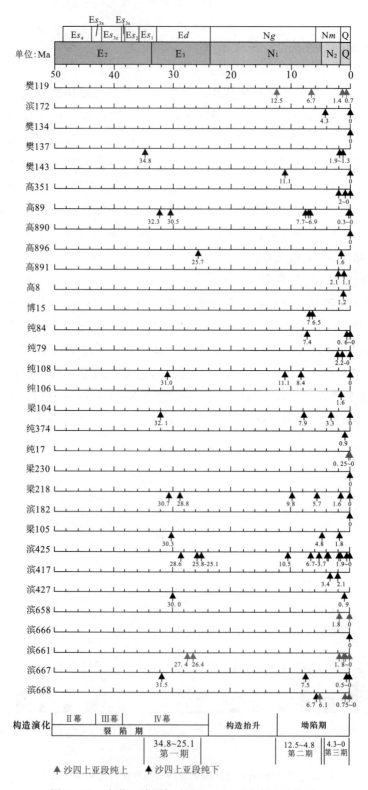

图 4-13 东营凹陷西部沙四上亚段原油充注时期图

表 4-2　东营凹陷西部沙四上亚段流体包裹体均一温度分期图

井号	序号	深度 (m)	层位	油包裹体			盐水包裹体				含烃盐水包裹体		
				Th_1	Th_2	Th_3	Th_1	Th_2	Th_3	Th_4	Th_1	Th_2	Th_3
高 351	1	2247.29	Es_3^z		99.2	113.9		108.7	127.1			112.5	134.6
	2	2428.94	Es_4^{cx}				88.2	105.7			94.9	113.9	
	3	2444.49	Es_4^{cx}		81.7	107.9		101.2	128.1			122.3	
	4	2455.90	Es_4^{cx}		94.6	107.1		100.4	120.6		104.5	120.6	
高 40	5	2799.10	Es_4				96.2	110.8	128.0			120.3	132.5
	6	2801.30	Es_4					117.6	129.9				144.9
高 8	7	2240.67	Es_4^{cx}					109.5	122.3			110.8	134.8
	8	2242.07	Es_4^{cx}					106.2	124		103.9	117.4	140.3
	16	2237.5	Es_4^{cx}		87.3	106.5		107.7		126.8			
博 104	9	2148.80	Es_4^{cx}				99.9	118.7			101.4	113.5	140.5
	10	2152.20	Es_4^{cx}					104.5	128.8		101.3	117.5	
	11	2158.30	Es_4^{cx}					92.2	107.8		101.7		133.0
博 15	12	2680.43	Es_4^{cx}						128.8		109.8	120.1	139.4
	13	2682.83	Es_4^{cx}					97.4	112.7	129.8		118.8	
	14	2683.93	Es_4^{cx}		91.3	108.0		105.9	126.7		109.4		
滨斜 189	15	1681.10	Es_4^{cs}			99.6	66.8	94.6	112.6	137.2	91.4		
纯 84	16	2556.37	Es_4^s	61.8	88.8	109.6		115.9	132.1			123.9	136.9
	17	2575.75	Es_4^s			103.7		112.4	131.9				
纯 79	18	2362.47	Es_4^s		92.3	109.5		110.6	127.1			113.2	
	19	2384.27	Es_4^s		94.8	113.6		107.2	120.3		94.9	109.8	
纯 374	20	2458.50	Es_4^{cx}		93.0	115.6			129.5			122.1	
纯 17	21	2360.80	Es_4^{cs}		80.1	100.8		111.5	132.3			109.9	
纯 15	22	2289.31	Es_3^s	77.2		109.7	99.3		126.7		97.7		
纯 108	23	3052.00	Es_4^{cx}	66.4	82.9	117.0		94.8	114.8	139.0		125.5	136.5
	24	3090.75	Es_4^{cx}			105.5		110.3	135.9				146.0
	25	3094.70	Es_4^{cx}			107.2		112.6	128.0				
纯 106	26	2870.20	Es_4^{cx}		99.5			109.7	137.4				146.2
滨 170	27	1816.25	Es_4^{cs}					107.9			90.5		
滨 172	28	3398	Es_4^{cx}					119.6	136.7				
	29	3397.25	Es_4^{cx}						135.2				142.9
	30	3395.55	Es_4^{cx}			116.8			126.6				

续表 4-2

井号	序号	深度(m)	层位	油包裹体			盐水包裹体				含烃盐水包裹体		
				Th_1	Th_2	Th_3	Th_1	Th_2	Th_3	Th_4	Th_1	Th_2	Th_3
滨182	31	1688.7	Es_4^{cx}				92.6		117.8	134.2			
	51	1645	Es_4^{cx}	61.0	85.7	106.1		97.2	115	132.2			
滨斜189	32	1682.1	Es_4^{cx}				88.9		120.2		116		
滨417	33	2884.5	Es_4^{cx}		93.3	110.6		106.9	125.1		122.4		
	34	2823.3	Es_4^{cx}				100	115.1	125.7				123.6
滨425	35	2669.42	Es_4^{cx}			105.0			131.3				
	36	2592.4	Es_4^{cx}			125.0		110.2					130.6
	37	2639.2	Es_4^{cx}			128.1		115.3	134.2				
	38	2586.2	Es_4^{cx}	66.9	91.6		81.5	113.5	129.2		121		
	39	2589.2	Es_4^{cx}		96	121.7		117.7	127.6		126.7		
	40	2624.42	Es_4^{cx}	77.5		108.1			125.9				
	41	2628.02	Es_4^{cx}			111.1		115.3	130.3		125.6		
	42	2607.43	Es_4^{cx}		81.3	106.8		118.4	132.6		124.5		
	43	2585.1	Es_4^{cx}	79.1	92.5			100.2	123.9		119.8		
	44	2613	Es_4^{cx}		97.5			115.2					
	45	2667.2	Es_4^{cx}		82.4	105.8	93.7	116.2			112.7		
	46	2691.52	Es_4^{cx}	71.2	86.2	101.5	96.5	118.6	136.8		109.7	131.7	
	47	2582.7	Es_4^{cx}					122.6	132.1		114.7		
滨427	48	2930.7	Es_4^{cx}	66		104.6	91.7	113.2			111.3		
滨658	49	2536.20	Es_4^{cs}	72.9		111.6		108.3			118.1		
	50	2536.7	Es_4^{cs}		90.4			121.5					124.5
滨661	52	2722.41	Es_4^{cs}	64.1	91.7	115.6		112.6	126.3				
	53	2752.9	Es_4^{cs}	81.8	93.7		93.1	106.1	122.3		115.7		
	54	2762.3	Es_4^{cs}	64.7	95.8		97.2	110.9	141.4				
滨666	55	3039.72	Es_4^{cx}			104.7			137.3				
	56	2991.2	Es_4^{cx}					119.3	137.4				137.7
滨667	57	2921.8	Es_4^{cx}		98.2	110.2		104.5	119.2				
	58	2943.25	Es_4^{cx}	81.9	101.5		92.3	118.2			111.1		
滨668	59	3262.05	Es_4^{cs}						131				
	60	3515.7	Es_4^{cx}		94.7	110.6			129				
	61	3226.7	Es_4^{cs}		94.7	111.3			120.4		113		
	62	3228.8	Es_4^{cs}			103.7			122.4				

续表 4-2

井号	序号	深度(m)	层位	油包裹体			盐水包裹体				含烃盐水包裹体		
				Th_1	Th_2	Th_3	Th_1	Th_2	Th_3	Th_4	Th_1	Th_2	Th_3
樊119	63	3288.8	Es_4^{cs}		91.6	105.2			126.7				131.5
	64	3296.1	Es_4^{cx}										141.4
	65	3292.55	Es_4^{cs}			107.2		105.9	129.4			111.4	
	66	3292.30	Es_4^{cs}	61.4		116.4			127.6				
樊134	67	2871.4	Es_4^{cx}			109.5		118.1				123.2	
	68	2868.8	Es_4^{cx}					111.8	125.4				131.2
	69	2872.15	Es_4^{cx}				100.5	116.9	134.7				129.4
	70	2931.05	Es_4^{cx}				80.6	115.4	137.7			119.9	135.6
	71	2868.5	Es_4^{cx}										
樊137	72	3167.5	Es_4^{cx}						139.7			111.1	141.1
	73	3167.55	Es_4^{cx}			106.3		116.6	126.5				134.4
	74	3172.9	Es_4^{cx}					110	129.3			117.7	141.8
	75	3152.7	Es_4^{cx}	73.8				90.5	134.9			127.3	
	76	3172.1	Es_4^{cx}			109.4		118.2	130.7				
樊143	77	3110.85	Es_4^{cx}	53.0	83.4	108.9		107.3	132.5				
高890	78	2619.7	Es_4^{cx}	77.6		112.7	78.1		134.4		99.2	111	
高891	79	2808.1	Es_4^{cx}	69.0	83.9	104.3		104.5	126.2		102.7		
高896	80	2510.8	Es_4^{cx}	82.8	97.9			101.2	127.7				
高89	81	2998.7	Es_4^{cx}	60.3	96.5	111.0		109.9	125.4				123.4
	82	3015.55	Es_4^{cx}	71.9	87.0			95.8	110.6	132			
	83	2997.1	Es_4^{cx}	79.2	96.7			96.7	110.6			108.3	
利881	84	3002.5	Es_4^{cs}		94.1	121.5			109.2				133.9
	85	3007.7	Es_4^{cx}	60	84.7				100.3	128.9			
梁104	86	2847.41	Es_4^{cx}		79.9	101.8			111.4	131.1			
	87	2856.17	Es_4^{cx}	65.9	100.8	125.5	93.1		118.8				
梁105	88	3123.1	Es_4^{cx}	66.5	80.3	102.4		96.1	114.7				
	89	3159.02	Es_4^{cx}			94.9			125.5				137.6
梁218	90	3166.8	Es_4^{cx}	79.1		106.4		99.2	122.1				
	91	3180.2	Es_4^{cx}		82.4	100.5		94.5	112.7				
	92	3232.45	Es_4^{cx}	46.6	90.9	114.0			125.8	137.3			
梁230	93	2648.5	Es_4^{cx}			114.4	128.8		97.6		122.6		

注：Th_n 为第 n 期均一温度，n 为期次，单位（℃）。

第三节 成藏期古压力演化

一、古流体压力热动力学模拟原理

如果流体化学成分已知,那么就可以运用适当的状态方程构筑被包裹流体的 $P-T$ 相图和等容线。然而,目前还不能定量分析单个成岩包裹体的成分,显微光谱数据也不能生成精确的 PVT 模型。运用激光共聚焦扫描显微镜(Confocal Laser Scanning Microscopy)能够重构单个烃类包裹体 3D 图像,从而精确地测定单个烃类包裹体的气泡充填度和油/水比;爆裂仪法或真空研磨仪外接四极质谱仪能够获得群体包裹体化学成分,并以此作为与某期盐水包裹体共生烃类包裹体成分的近似代表,构筑该烃类包裹体的 $P-T$ 相图和等容线。另外,还需要系统测定共生盐水和烃类流体包裹体的均一温度。运用同期盐水包裹体和含烃或烃类包裹体化学体系在 $P-T$ 空间投影的等容线单值变化和不同组成的流体包裹体等容线在此 $P-T$ 空间只相交一次的物理特性,即可确定烃类流体包裹体最小捕获压力,如图 4-14 中,ABC 线为烃类包裹体或含烃盐水包裹体等容线,AB 段为气液两相共存,到 B 点均一为液相,Th_B 为含烃盐水或烃类流体包裹体均一温度,Th_C 为同期盐水包裹体均一温度。利用 Th_C 近似于该期次流体包裹体的捕获温度这一假设

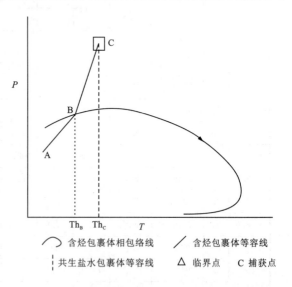

图 4-14 流体包裹体热动力学模拟最小捕获压力求取示意图(据 Munz I A,2001)

条件,与烃类包裹体或含烃盐水包裹体等容线对应的压力,即为最小捕获压力。根据流体包裹体化学组成、同期盐水和含烃包裹体均一温度和室内温压条件下的气泡充填度等参数,美国 CALSEP 公司发展了运用流体包裹体模拟其捕获最小压力的方法——共生盐水包裹体均一温度与(含)烃类流体包裹体等容线交汇法,以及相应的 PVT 模拟软件——VTFLINC(图 4-15)。

如上所述,模拟流体包裹体的最小捕获压力,需要知道盐水包裹体的均一温度(Th)以及与其共生的同期含烃盐水包裹体或烃类包裹体的均一温度、气泡充填度(F_V)和流体相的组成。需要准备以下热动力学模拟参数。

(1)包裹体的均一温度(Th)及包裹体盐度测定(wt.%,NaCl):流体包裹体均一温度

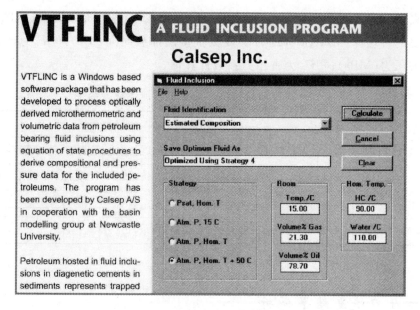

图4-15 本书利用流体包裹体获取古压力信息的VTFLINC软件界面

(T_h)和最低融化温度(T_m)的测定使用的是英国Linkam公司的最新产品THMS 600G自动冷热台,测定误差为±0.1℃;显微镜为日本产Olympus,另配100倍长焦工作镜头。均一温度测定时的升温速率为4~5℃/min。包裹体盐度(wt.%,NaCl)是根据冰最终融化温度(T_m)换算的盐度,即氯化钠重量百分当量(据Bodnar,1993)。测定出包裹体最小融化温度时的降温速率为6~8℃/min。在测试烃类包裹体的均一温度时,选择和盐水包裹体共生的同期烃类包裹体和含烃盐水包裹体进行测试。

(2)流体包裹体气泡充填度(F_v,%)的测定:本次测定的样品大都为石英颗粒裂纹及其次生加大边中的流体包裹体,为避免包裹体后期变形的影响,测定时尽量选择较小的流体包裹体(主要是2~8μm),可近似看作球体,运用带100倍8mm长焦工作镜头的Olympus显微镜测定室温、压条件下流体包裹体气、液直径,计算其半径立方比,即为该流体包裹体的气泡充填度。

(3)流体包裹体成分:运用真空研磨仪外接四极质谱仪获得其群体包裹体化学成分,作为测定期次包裹体的"平均成分(averaged composition)"。

运用上述方法,我们获得了各期次油包裹体与同期盐水包裹体"数据对",以及烃类包裹体"平均成分"(表4-3)。

将各期次盐水包裹体的均一温度及其共生的同期含烃盐水包裹体或烃类包裹体的均一温度、气液比和化学组成输入VTFLINC软件,通过运行VTFLINC软件,即可获得热动力学模拟结果——各期次流体包裹体的最小捕获压力。

模拟结果表中相关代号说明:①T_h为均一温度(℃)"数据对",Th_{oil}为油包裹体或含烃盐水包裹体均一温度,Th_{aq}为对应同期盐水包裹体均一温度,通过"迭代法",可获得该期盐水包裹体的均一温度平均值下最小捕获压力;②F_v为气泡充填度(%);③D为结合埋藏史恢复的古埋深(m);④t为结合埋藏史获得的捕获时间(Ma);⑤P为热动力学模拟获得的古压力(MPa);⑥P_c为古压力系数计算值。

表4-3 真空研磨法测定油包裹体流体成分结果

成分	分析结果(mol%)											
	CO_2	C_1	C_2	C_3	$i-C_4$	$n-C_4$	$i-C_5$	$n-C_5$	C_6	C_7	C_8	C_9	C_{10}
含量	0.280	62.060	9.500	6.190	1.280	2.540	0.980	1.390	2.260	1.823	1.570	1.351	2.164
成分	C_{12}	C_{13}	C_{16}	C_{18}	C_{19}	C_{22}	C_{27}	C_{37}	N_2				
含量	0.862	1.380	1.023	0.758	0.562	0.725	0.523	0.359	0.420				

二、古压力恢复结果分析

根据上述古流体压力热动力学模拟原理、方法和技术,我们对东营凹陷西部沙四上亚段所采集样品获得的"数据对"开展了热动力学模拟。模拟所获得的结果如表4-4所示。图4-16、图4-17分别为东营凹陷西部沙四上亚段流体压力系数及流体压力值随时间演化图。由图可知,第一期油气充注时期主要为常压系统;第二期油气充注时期开始发育超压;第三期油气充注时期开始广泛发育超压,压力系数主要在1.2~1.5之间。

由于本书中涉及的包裹体采样井只有53口,因此应用热动力学模拟所得的各主成藏期压力值有限。为了更准确刻画工区各时期压力平面分布特征,我们从泥岩声波时差资料出发,利用泥岩压实的不可逆原理,对研究区300多口井进行了古地层压力恢复。最终对包裹体热动力学模拟所得压力值与泥岩声波时差计算压力值作图(图4-18、图4-19),发现两者吻合程度很高,这说明可以用声波时差计算压力值刻画工区压力平面分布特征。另外,根据图4-12中三期油充注时间的频率分布图得出这3期原油大量充注的时间节点为:第一期32.8Ma,第二期6Ma,第三期0Ma。最终选定这3个关键时间,利用声波时差恢复了这3个时间节点的压力平面分布。

图4-20、图4-21和图4-22分别为沙四上亚段三期原油在3个充注时期的压力系数平面分布图。由图可知,第一期原油充注时期,整个东营凹陷西部利津洼陷沙四上亚段除洼陷中心以低幅超压为主外,斜坡带和构造高部位都以常压充注为主,而博兴洼陷都以常压充注为主;第二期原油充注时期,超压开始广泛发育,除洼陷中心以超压为主外,斜坡带和构造高部位也开始以常压-低幅超压充注为主;第三期原油充注时期,超压开始普遍发育,除洼陷中心外,斜坡带和构造高部位也开始以低幅超压~超压充注为主。总之,早期以常压为主,局部发育低幅超压,晚期以超压发育为特征。

表4-4 东营凹陷西部沙四上亚段流体包裹体古压力模拟结果

井号	序号	深度(m)	层位	第一期 Th(℃) / Fv(%)	第一期 D(m) / t(Ma)	第一期 P(MPa) / Pc	第二期 Th(℃) / Fv(%)	第二期 D(m) / t(Ma)	第二期 P(MPa) / Pc	第三期 Th(℃) / Fv(%)	第三期 D(m) / t(Ma)	第三期 P(MPa) / Pc
樊119	68	3288.8	Es_4^{cs}				95.5/102.9 / 9.5	2170 / 12.5	25 / 1.15	108.9/117.8 / 26.0	2618 / 6.7	39 / 1.49
樊119	70	3292.55	Es_4^{cs}							106.6/129.0 / 24	3217 / 0.7	43 / 1.34
樊119	69	3292.3	Es_4^{cs}							111/124.8 / 27	3130 / 1.4	39.5 / 1.26
滨172	16	3397.25	Es_4^{cx}									
滨172	15	3395.55	Es_4^{cx}							116.4/126.6 / 24.0	2910 / 4.3	44 / 1.51
樊134	75	2871.4	Es_4^{cx}							112.4/118.1 / 25.0	2871.4 / 0	40 / 1.39
樊137	78	3167.5	Es_4^{cx}									
樊137	79	3167.55	Es_4^{cx}							106.3/116.6 / 25.0	2941 / 1.9	43 / 1.46
樊137	81	3152.7	Es_4^{cx}	73.8/90.5 / 4.0	1638 / 34.8	17.199 / 1.05						
樊137	82	3172.1	Es_4^{cx}							109.4/118.2 / 25.0	3000 / 1.3	45 / 1.5
樊143	85	3110.85	Es_4^{cx}				86.8/101.2 / 6.5	2145 / 11.1	23 / 1.07	110.0/128.8 / 26	3110.85 / 0	45 / 1.45
高351	88	2247.29	Es_3^z				94.2/108.7 / 7.5	2260 / 1.9	24.00 / 1.46	113.5/127.1	无交点	
高351	90	2444.49	Es_4^{cx}				88.9/98.1 / 9.0	2360 / 0.9	26.00 / 1.102	112.5/127.5	无交点	
高351	91	2455.90	Es_4^{cx}				94.6/105.6 / 7.5	2262 / 2	23.00 / 1.02	103.6/110.0 / 14.0	2455.9 / 0	30.0 / 1.22

续表 4-4

井号	序号	深度(m)	层位	第一期 Th(℃)	D(m)	P(MPa)	第二期 Th(℃)	D(m)	P(MPa)	第三期 Th(℃)	D(m)	P(MPa)
				F_V(%)	t(Ma)	P_c	F_V(%)	t(Ma)	P_c	F_V(%)	t(Ma)	P_c
高89	99	2997.1	Es_4^{cx}				87.8/96.7	1860	20	101.5/110.6	2430	25.5
							6.5	30.5	1.08	9.5	6.9	1.05
	97	2998.7	Es_4^{cx}	60.3/			92.2/107.3	2395	25	112.1/128.1	2998.7	43
				5			7.5	7.7	1.04	27	0	1.434
	98	3015.55	Es_4^{cx}	76.4/91.4	1747	18	92.2/109.0	2440	25.5	119.5/132.0	2990	42
				4.5	32.3	1.03	7.5	7.2	1.045	28	0.3	1.405
高890	101	2619.7	Es_4^{cx}							112.7/131.0	2619.7	30
										10	0	1.15
高896	104	2510.8	Es_4^{cx}	82.8/100.5	2021	21.221	98.5/119.7	2452	25.746			
				5.5	25.7	1.05	7	1.6	1.05			
高891	103	2808.1	Es_4^{cx}				87.7/104.5	2599	33	110.7/125.5	2692	35
							11	2.1	1.27	14.5	1.1	1.30
高8	94	2237.5	Es_4^{cx}				91.6/107.0	2620	27.51	107.3/125.1		
							8.5	1.2	1.05			
博15	47	2683.93	Es_4^{cx}				90.9/108.5	1955	20.528	109.0/120.5	1990	20.90
							5.5	7	1.05	7.5	6.5	1.05
纯84	62	2556.37	Es_4^s				92.1/114.5	1921	20.17	112.8/125.9	2556.4	36.00
							5.0	7.4	1.05	16.0	0.0	1.41
	63	2575.75	Es_4^s							106.5/124.1	2520.0	34.00
										13.5	0.6	1.35
纯79	60	2362.47	Es_4^s				91.9/110.6	2205	28.00	110.1/122.7	2362.5	44.00
							8.0	2.2	1.27	26.0	0.0	1.13
	61	2384.27	Es_4^s				94.8/107.1	2300	29.00	113.6/121.8	2384.3	45.00
							10.0	1.4	1.261	25.0	0.0	1.07
纯15	56	2289.31	Es_3^s	78.9/92.6	2182.0	22.91				104.9/121.7	2289.3	24.04
				6.5	1.6	1.05				7.5	0.0	1.098
纯108	53	3052.00	Es_4^{cx}	72.1/94.8	1352.0	13.50	82.9/115.0	2059	22.00	117.0/130.5	3052.0	40.00
				3.0	31.0	0.998	4.0	11.1	1.07	27.0	0.0	1.31
	54	3090.75	Es_4^{cx}							105.5/110.3	2340.0	30.00
										14.0	8.4	1.28
	55	3094.70	Es_4^{cx}							107.0/126.7	3094.7	41.00
										26.0	0.0	1.325

续表 4-4

井号	序号	深度(m)	层位	第一期 Th(℃) / F_V(%)	第一期 D(m) / t(Ma)	第一期 P(MPa) / P_c	第二期 Th(℃) / F_V(%)	第二期 D(m) / t(Ma)	第二期 P(MPa) / P_c	第三期 Th(℃) / F_V(%)	第三期 D(m) / t(Ma)	第三期 P(MPa) / P_c
纯106	50	2870.20	Es_4^{cx}				97.8/113.9 / 19.0	2780 / 1.6	37 / 1.33			
梁104	105	2847.41	Es_4^{cx}				82.3/102.7 / 6	2112 / 7.9	24 / 1.14	104.7/125.6 / 12	2847.41 / 0.0	34 / 1.19
梁104	106	2856.17	Es_4^{cx}	64.6/84.4 / 3	1442 / 31	15.141 / 1.05				101.7/115.0 / 12	2700 / 3.3	32 / 1.19
纯374	59	2458.50	Es_4^{cx}				98.9/120.7 / 7.0	2332 / 0.9	25.00 / 1.07	115.6/136.1		
纯17	57	2360.80	Es_4^{cs}				80.1/99.7 / 8.0	2320 / 0.25	30.00 / 1.29	101.3/118.6 / 10	2360.8 / 0.0	30.00 / 1.27
纯230	112	2648.5	Es_4^{cx}				110.0/116.6 / 12	2648.5 / 0.0	27.809 / 1.05	127.4/132.4		
梁218	109	3166.8	Es_4^{cx}	79.1/99.2 / 4.5	1900 / 28.8	19.95 / 1.05				106.4/122.1 / 26.0	3045 / 1.6	54 / 1.34
梁218	110	3180.2	Es_4^{cx}				82.4/94.5 / 5.5	1780 / 30.5	18.69 / 1.05	100.5/112.7 / 11.0	2260 / 9.8	29 / 1.28
梁218	107	3232.45	Es_4^{cx}				94.1/119.1 / 12	2621 / 5.7	36 / 1.37	114.0/128.4 / 26	3232.45 / 0.0	54 / 1.26
滨斜189	20	1681.10	Es_4^{cs}				99.6/07.5					
滨182	19	1645	Es_4^{cx}				81.5/96.8 / 4.7	1645 / 0.0	17.273 / 1.05	105.2/117.3		
梁105	113	3123.1	Es_4^{cx}				80.3/96.1 / 4.7	1760 / 30.3	17.6 / 1	102.4/114.7 / 10.0	2600 / 4.8	8 / 1.08
梁105	115	3159.02	Es_4^{cx}				94.9/120.2 / 23.0	3040 / 1.8	46 / 1.51			
滨425	10	2669.42	Es_4^{cx}							112.4/124.2 / 11.0	2669.42 / 0.0	29 / 1.09
滨425	6	2592.4	Es_4^{cx}							126.6/137	无交点	

续表 4-4

井号	序号	深度(m)	层位	第一期 Th(℃) / F_V(%)	第一期 D(m) / t(Ma)	第一期 P(MPa) / P_c	第二期 Th(℃) / F_V(%)	第二期 D(m) / t(Ma)	第二期 P(MPa) / P_c	第三期 Th(℃) / F_V(%)	第三期 D(m) / t(Ma)	第三期 P(MPa) / P_c
滨425	9	2639.21	Es_4^{cx}							121.2/134.2	无交点	
滨425	4	2586.2	Es_4^{cx}	66.9/81.5 / 3.5	1439 / 28.6	15.110 / 1.05	91.9/113.5 / 5.0	1860 / 6.7	19.53 / 1.05			
滨425	5	2589.2	Es_4^{cx}				96/117.7 / 5.7	1982 / 5.3	21 / 1.06	121.7/130.6	无交点	
滨425	7	2624.42	Es_4^{cx}							115.5/125.9	无交点	
滨425	8	2628.02	Es_4^{cx}							111.1/121.5 / 11.5	2628.02 / 0.0	29 / 1.1
滨425	2	2607.43	Es_4^{cx}				81.3/109.9 / 3.5	1600 / 10.5	16.8 / 1.05	106.8/126.4 / 10.0	2562 / 0.5	31 / 1.21
滨425	11	2585.1	Es_4^{cx}				89.2/100.2 / 16.0	2439 / 1.6	34 / 1.39			
滨425	12	2613	Es_4^{cx}				97.5/115.2 / 12.0	2200 / 3.9	32.5 / 1.48			
滨425	13	2667.2	Es_4^{cx}				82.4/93.7 / 5.5	1805 / 25.8	19.0 / 1.05	105.8/116.2 / 12.0	2600 / 1.9	30 / 1.15
滨425	14	2691.52	Es_4^{cx}	78.7/96.5 / 5.0	1900 / 25.1	19.95 / 1.05				101.5/118.6 / 10.0	2120 / 3.7	30 / 1.42
滨417	23	2884.5	Es_4^{cx}				93.3/106.9 / 17.0	2520 / 3.4	35 / 1.39	110.6/123.8 / 16.0	2740 / 2.1	35 / 1.28
滨427	36	2930.7	Es_4^{cx}	66.0/91.7 / 2.9	1620 / 30	17.01 / 1.05				104.6/113.2 / 26.0	2830 / 0.9	43 / 1.52
滨658	24	2536.20	Es_4^{cs}	72.5/99.5 / 6.5	2407 / 1.8	31 / 1.29				111.6/142.8 / 6.5	2536.2 / 0.0	26.5 / 1.05
滨658	25	2536.7	Es_4^{cs}				92.7/116.5 / 6.7	2536.7 / 0.0	26.5 / 1.045			
滨666	31	3039.72	Es_4^{cx}							104.7/128.9 / 12.0	3039.72 / 0.0	36 / 1.18

续表 4-4

井号	序号	深度(m)	层位	第一期 Th(℃) F$_V$(%)	第一期 D(m) t(Ma)	第一期 P(MPa) P$_c$	第二期 Th(℃) F$_V$(%)	第二期 D(m) t(Ma)	第二期 P(MPa) P$_c$	第三期 Th(℃) F$_V$(%)	第三期 D(m) t(Ma)	第三期 P(MPa) P$_c$
滨666	30	2991.2	Es_4^{cx}									
滨661	37	2722.41	Es_4^{cs}				91.7/112.6	2660	38	115.6/126.3	2722.41	
							15.0	0.7	1.46		0.0	
	38	2752.9	Es_4^{cs}	81.8/93.1	1730	18.165	93.7/106.1	2598	37.2			
				6.5	27.4	1.05	24.0	1.8	1.43			
	39	2762.3	Es_4^{cs}				85.9/97.2	1860	19.53	100.5/110.9	2680	
							6.0	26.4	1.05		1	
滨667	40	2921.8	Es_4^{cx}				98.2/104.5	2200	22	110.2/119.2	2921.8	36.2
							8.5	7.5	1	20.0	0.0	1.24
	41	2943.25	Es_4^{cx}	81.9/92.3	1620	17.01	105.9/118.2	2910	36			
				5.2	31.5	1.05	19.0	0.5	1.24			
滨668	26	3262.05	Es_4^{cs}									
	27	3515.7	Es_4^{cx}							113.4/127.2	2799	42
										26	6.7	1.50
	28	3226.7	Es_4^{cs}							114.0/127.0	3158	49
										27	0.75	1.552
	29	3228.8	Es_4^{cs}							103.3/119.6	2565	37.5
										19	6.1	1.462

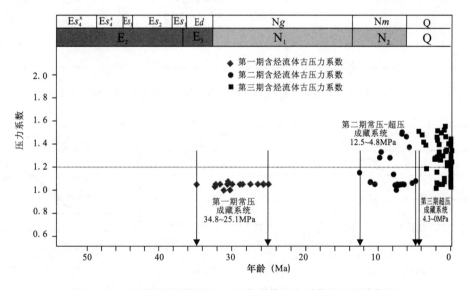

图 4-16 东营凹陷西部沙四上亚段流体压力系数随时间演化图

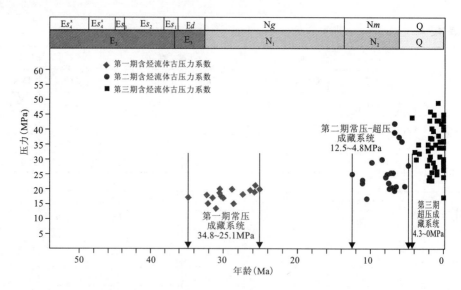

图 4-17 东营凹陷西部沙四上亚段流体压力随时间演化图

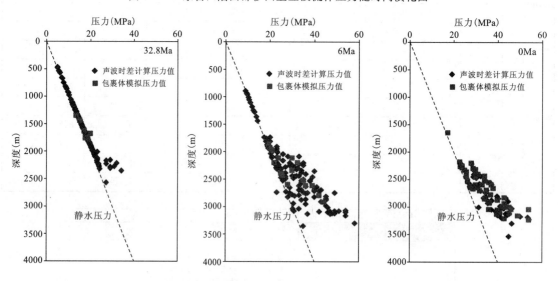

图 4-18 东营凹陷西部声波时差计算压力及包裹体模拟压力与深度关系图

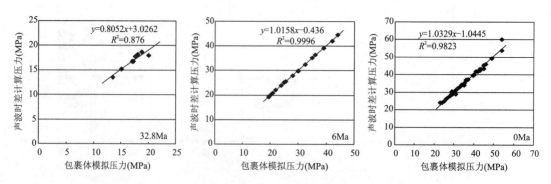

图 4-19 东营凹陷西部声波时差计算压力与包裹体模拟压力关系图

第四章 滩坝砂油藏成藏期次划分及成藏时期确定

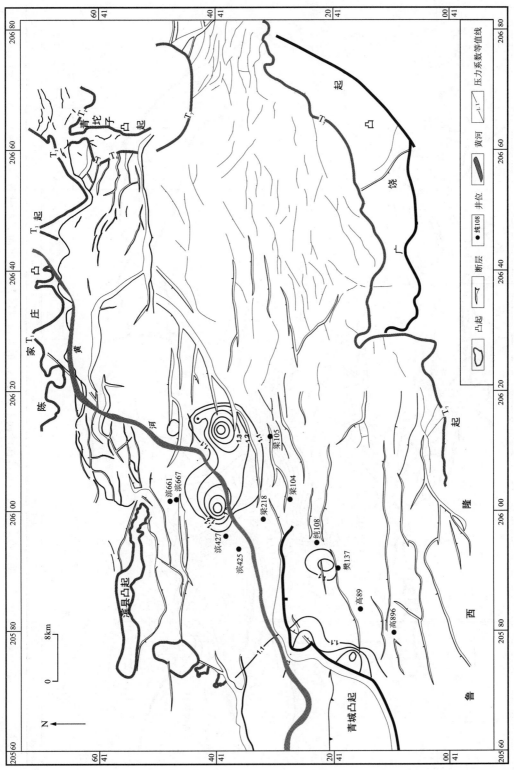

图4-20 东营凹陷西部沙四上亚段32.8Ma时期流体压力系数平面分布图

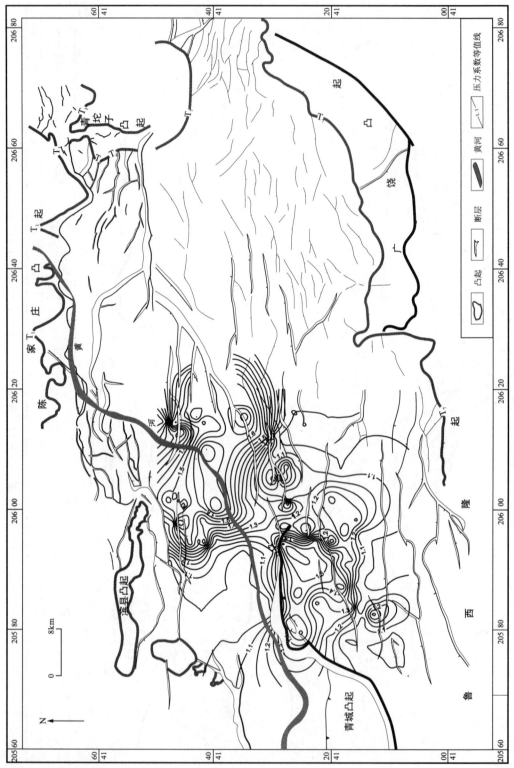

图 4-21 东营凹陷西部沙四上亚段 6Ma 时期流体压力系数平面分布图

第四章 滩坝砂油藏成藏期次划分及成藏时期确定

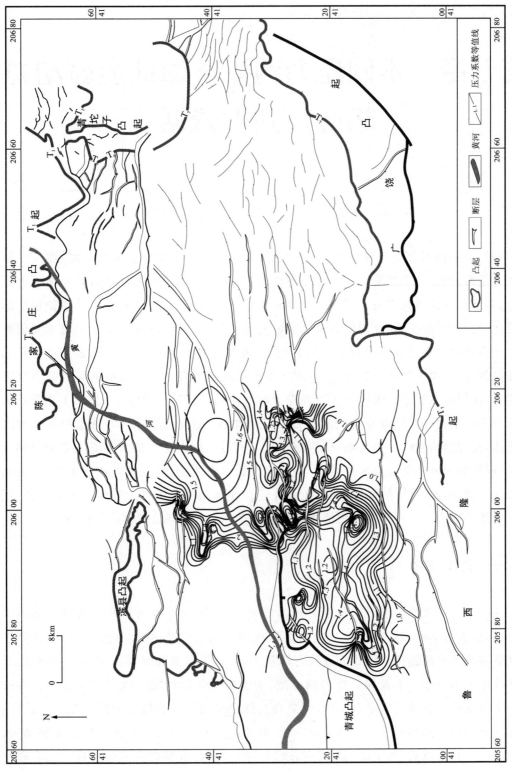

图 4-22 东营凹陷西部沙四上亚段0Ma时期流体压力系数平面分布图

第五章 不同压力背景下流体运移动力构成及判识依据

第一节 油气运移作用力分析

油气运移作用力类型与地层压力系统有关。当地层流体处于静水环境,油气运移动力为浮力,阻力为毛细管力;当地层流体处于水动力环境,油气运移动力为水动力和浮力,毛细管力依然为阻力。浮力是由水和油气密度差值引起的,只要油气在储层中运移就会受到浮力的作用,浮力的方向总是铅直向上的,大小除受油气与水的密度差值影响外还与油柱或者气柱高度有关,浮力是油气在储层中运移的动力。毛细管压力是动力还是阻力,取决于其运移的方向,当油气从小孔喉向大孔喉中运移或从泥岩向砂岩中运移时,在界面位置毛细管压力主要表现为动力,相反则表现为阻力。另外,毛细管压力是动力还是阻力还与孔隙喉道的润湿性及孔隙结构有关,毛细管压力总是指向非润湿性流体,孔隙结构越均一则毛细管压力差越小,相反则越大。水动力环境与流体势梯度有关,流体势梯度主要受超压控制,一旦地层开始发育超压,则流体势梯度不为零,表明水要发生流动,此时除浮力及毛细管压力外还存在水动力作用于油气相。流体压力、浮力及毛细管压力这3种力的合力最终控制了油气在水动力环境下的运移机制。

一、流体压力

通过前文对滩坝砂油藏成藏期古压力的恢复,我们知道成藏期研究区异常高压发育,结合前人对渤海湾盆地油气成藏动力学机制的划分以及油源对比结果可知研究区滩坝砂油藏为自源超压封闭式成藏动力学系统,以自生自储和发育异常高压为特点,有少部分原油来自沙三下亚段烃源岩的贡献,为上生下储的他源成藏动力学系统。在这样一个自源超压封闭的成藏系统中,烃源岩与储集层之间存在较大的压力差,在压力差的作用下烃源岩向其邻近的储层垂向排烃,因此超压便成为油气初次运移的重要动力。当油气进入储层以后,由于储层发育有较强的非均质性,故异常压力的发育也具有非均质性,储层之间也存在压力差,在压力差和浮力作用下油气会沿着不整合面、砂泥界面以及层理面等进行较大规模的侧向运移。因此,无论是垂向运移还是侧向运移,成藏都受到异常地层压力的影响,压力减小最快的方向成为流体运移的优势方向,也即地层压力梯度反映了流体运移的趋势。

二、浮力

油气在异常地层压力作用下从生烃洼陷中心不断向外运移,随着运移距离的不断增大,异常地层压力的作用会逐渐减弱,浮力的作用将逐渐加强。浮力是油(或气)与水之间的密度差值引起的,它的方向总是垂直向上,在油气的二次运移过程中,它沿地层倾向上的分量是驱动油气向构造高点运移的动力。实际上在运移过程中我们所考虑的浮力是净浮力,即考虑了自身重力的作用,公式表示如下:

$$F = Z(\rho_w - \rho_o)g \tag{5-1}$$

式中,F 为单位面积所受净浮力(N/m);Z 为连续油柱的垂直高度(m);ρ_w、ρ_o 分别为水与油(或气)的密度(g/m³);g 为重力加速度(m/s²)。

由公式(5-1)可知,净浮力的大小只与连续油柱的垂直高度及油(或气)与水之间的密度差值有关,压力对其没有影响和限制。

三、毛细管压力

当非润湿相油气通过润湿相水介质表面时,在两种流体接触界面会产生毛细管压力,力的方向总是指向非润湿相的油气,公式表达如下:

$$P_c = \frac{2\sigma\cos\theta}{r} \tag{5-2}$$

式中,P_c 为毛细管压力(Pa);σ 为油水表面张力(N/m);θ 为润湿角(°);r 为孔喉半径(μm)。

由公式(5-2)可知,毛细管压力的大小与油水表面张力成正比,与润湿角和孔喉半径成反比。毛细管压力在油气运移过程中起动力作用还是阻力作用由油气运移的方向决定,当油气从细孔喉道(如泥岩)进入粗孔喉道(如砂岩)运移时,毛细管压力主要充当运移动力,反之充当运移阻力。此外,孔隙结构和孔隙喉道的润湿性也影响毛细管压力在油气运移过程中所起的作用。

当表面张力和润湿角一定时,孔喉半径的大小便决定了毛细管压力的大小,而孔隙度和渗透率决定了孔喉半径的大小,因此毛细管压力最终还是受孔隙度和渗透率的综合影响,胜利油田根据大量的孔隙度、渗透率实测数据,给出了适合东营凹陷的孔渗关系经验公式:

$$K = e^{-8.8884} \times \phi^{4.1331} \tag{5-3}$$

式中,K 为渗透率。

因此,我们可以认为孔隙度最终决定了毛细管压力的大小,利用研究区实测孔隙度与压汞实验换算出的油藏条件下的排驱压力、中值压力作图,通过拟合可以建立排驱压力、中值压力与孔隙度的关系式,由图 5-1 可知油气在物性较好的储层中运移时受到的阻力较小,反之则较大。

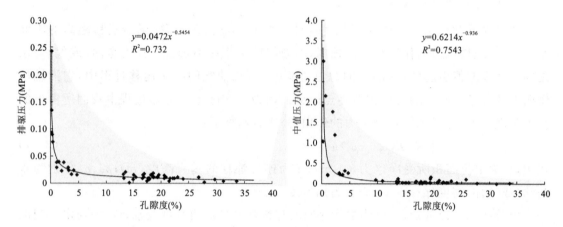

图 5-1 东营凹陷西部油藏条件下毛细管压力与孔隙度关系图

在油气的二次运移过程中,毛细管压力是运移的阻力,通过储层岩石的压汞实验可以获得毛细管压力曲线,再将实验数据转换成油藏条件下的毛细管压力,通过分析数据可知油气开始进入储层的排驱压力基本小于 0.1MPa。从油气藏形成的角度分析,它需要达到一定丰度的油气聚集,在油气评价中将储层孔隙含油饱和度 50% 定为下限条件,对应在压汞实验中就是要克服汞饱和度为 50% 时对应的毛细管压力,即饱和度中值压力,在油藏条件下,这个下限条件所对应的毛细管压力基本小于 1MPa。

第二节 油气运移动力学分析

在这里我们将油气运移的动力学过程分解为两个阶段,第一阶段是原油在烃源岩内的初次运移,此阶段原油最初由分散的液滴在压差的作用下慢慢汇聚直到呈现连续油相,要使连续油相能排出烃源岩就要保证此阶段向下的动力大于毛细管压力和向上的浮力的合力;第二阶段是原油由烃源岩排出进入储层后二次运移过程,此阶段油相不仅受到水动力作用而且还受到浮力的作用,只要油相运移路径上毛细管压力始终小于水动力和浮力的合力,则油相就可以一直运移,直到毛细管压力大于水动力和浮力的合力时,此时油相开始聚集成藏。

一、今浮力、毛细管力和流体压力差

实验室条件下将汞-水排驱压力和中值压力转换成油藏条件下油水毛细管力,结果表明,原油开始充注储层时的毛细管阻力普遍小于0.1MPa,达到较高的含油饱和度需克服毛细管阻力普遍小于1MPa(表5-1)。通过统计沙四上亚段储层岩石压汞数据归纳了油层、低产油层、油水层、水层及干层等各种类型储层的毛细管压力特征。如表5-1所示,油层条件下排驱压力和中值压力的平均值最小,表明储层孔喉半径大、分选性好,毛细管阻力最小。将毛细管压力换算成油柱高度,结果显示达到克服中值压力的油柱最大高度为0.102km,由于表5-1没有考虑到地层倾角对浮力的影响,表5-1中的油柱高度显然偏小。表5-2是考虑了地层倾角的影响(按平均值5℃)下计算的克服中值排驱压力所需油柱高度,表5-2结果表明要想含有饱和度超过50%,则所需油柱高度的平均值要大于1.17km,而统计单层砂体厚度频率分布表明:单层砂体厚度较薄,垂向油柱高度引起的浮力不能克服毛细管中值压力充注到储层中,必须借助侧向油柱长度引起的浮力作用或者水动力作用才能充注成藏,当静水条件下,侧向连续油柱长度应该大于1.17~1.29km。

表5-1 不同类型油层毛细管压力范围

参数\类别	油藏条件下毛细管压力(MPa)						克服毛细管力需要的油柱高度(km)					
	排驱压力			中值压力			克服排驱压力			克服中值压力		
	最大值	平均值	最小值	最大值	平均值	最小值	最大值	平均值	最小值	最大值	平均值	最小值
油层	0.303	0.048	0.005	1.152	0.189	0.014	0.164	0.026	0.004	0.624	0.102	0.009
低产油层	0.611	0.230	0.009	2.284	0.918	0.120	0.334	0.121	0.006	1.248	0.479	0.076
油水层	0.307	0.082	0.023	0.613	0.196	0.069	0.171	0.046	0.014	0.342	0.112	0.044
水层	0.151	0.064	0.003	0.423	0.196	0.012	0.139	0.056	0.003	0.387	0.168	0.011
干层	0.077	0.077	0.077	0.462	0.333	0.231	0.040	0.040	0.040	0.250	0.180	0.130

由前文可知流体压力、毛细管压力和浮力在θ方向上的分量作为油气运移的动力控制着油气运移过程,不同条件下油气运移动力构成是由流体压力递减梯度、浮力梯度及毛细管压力梯度共同决定的,当流体压力递减梯度大于浮力梯度时,则以压力差控制油气运移为主,反之,则以浮力控制油气运移为主。假设储层岩石的最大中值压力为2.3MPa(表5-1),原油密度为0.85g/cm³,水密度为1.05g/cm³,地层倾角取5°,则通过统计压力梯度在油气运移方向上的变化可以计算油气发生大规模运移的条件。

表 5-2　不同类型油层克服毛细管力需要的油柱高度表（考虑地层倾角影响）

参数\类别	克服毛细管力需要的油柱高度(km)					
	克服排驱压力			克服中值压力		
	最大值	平均值	最小值	最大值	平均值	最小值
油层	0.978	0.248	0.048	7.164	1.170	0.098
低产油层	3.831	1.317	0.067	14.314	5.499	0.876
油水层	1.964	0.532	0.165	3.923	1.285	0.504
水层	1.591	0.641	0.032	4.442	1.923	0.122
干层	0.490	0.490	0.490	2.920	2.100	1.460

二、成藏期古孔隙度及古毛细管压力恢复

储层孔隙度的演化过程非常复杂，有多种因素影响着其变化，例如储层埋深、岩性、沉积相类型、储层内部地层流体的性质、盆地构造埋藏史、盆地地温梯度等。孔隙度恢复的方法有多种，统计法、反演法、物理模拟法等，但没有一种公认的成熟方法，而且多数研究所做的孔隙度恢复都没考虑沉积相类型的影响，将不同类型的沉积相储层混在一起统计分析。纪友亮[①]（2007）通过将物理模拟法、统计法和反演法三者相结合，总结出了一套不同类型沉积相储层孔隙度恢复的方法，并建立了不同沉积相储层的孔隙度恢复图版，本书中的孔隙度恢复工作即是在此图版的基础上进行的，并用现今实测的孔隙度进行了校正。

1. 古孔隙度恢复

在建立图版过程中，纪友亮（2007）将储层分为粗粒级（砾岩、含砾砂岩及粗砂岩）、中粒级（中砂岩）和细粒级（细砂岩、粉砂岩、粉砂质泥岩及泥质粉砂岩）。他通过大量的统计分析，发现孔隙度在相同深度、同等粒级的储层中变化范围也相当大，经过反复研究发现分选系数与碳酸盐含量是主要影响因素，其中分选系数在浅部起主要作用，碳酸盐含量在深部起主要作用，由此划分了 3 条孔隙度随深度演化的趋势线，从右往左依次是分选最好、分选中等和分选最差的，中间可以根据分选系数内插更多的曲线（图 5-2）。因此，在实际操作过程中，要先确定分选系数，根据分选系数确定相应的演化曲线。

应用图版恢复储层孔隙度的过程如下：首先确定油气进入研究目的层的时间和油

---

① 纪友亮，等. 地质历史时期储层物性参数变化研究，中国石油大学（华东）实用新技术开发中心，同济大学油气资源研究中心，2007 年 12 月，内部报告.（后同）

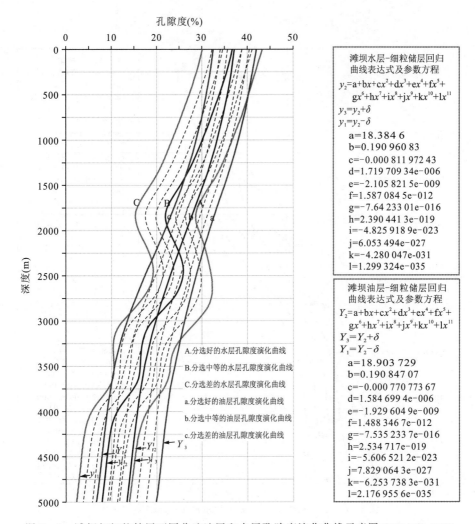

图 5-2 滩坝相细粒储层不同分选油层和水层孔隙度演化曲线示意图（据纪友亮，2007）

气进入时研究目的层的埋深（可用流体包裹体系统分析技术确定），将这个深度交至水层物性演化曲线，交点所对应的孔隙度值就是油气运移时的孔隙度。油气进入储层以后，孔隙度的演化将沿油层的演化曲线进行，如图 5-3 所示，如果油气分别从 a、b、c、d 这 4 点所对应的深度进入储层，那么油气层的孔隙度演化将分别沿曲线①、②、③、④进行；如果油气从 h 点进入储层，则与 d 点的演化路径相同；如果油气分别从 e、g 这两点所对应的深度进入储层，那么油气层的孔隙度演化首先将分别沿曲线⑤、⑥进行，到 h 点后，再沿曲线④进行；如果油气分别从 i、j 这两点所对应的深度进入储层，那么油气层的孔隙度演化首先将分别沿曲线⑦、⑧进行，到 k 点后，再沿曲线④进行；如果油气从曲线 efg 上的任意一点进入储层，那么油气层的孔隙度演化首先将沿水层曲线进行，到 h 点后，再沿曲线④进行，如果油气从曲线 hij 上的任意一点进入储层，那么油气层的孔隙度演化首先将沿水层曲线进行，到 k 点后，再沿曲线④进行。

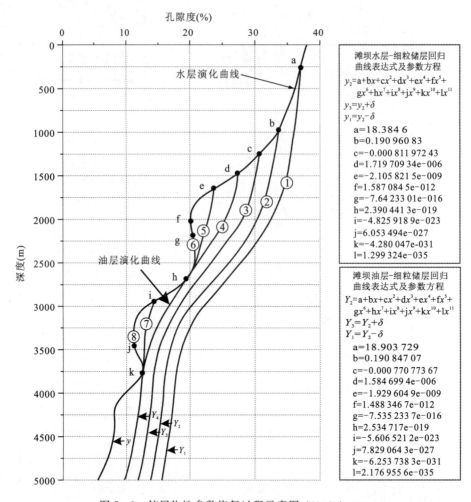

图 5-3 储层物性参数恢复过程示意图(据纪友亮,2007)

本书采用纪友亮(2007)建立的滩坝相细粒储层孔隙度恢复图版,重点对有烃类包裹体捕获的采样井进行成藏期古孔隙度恢复,根据包裹体测温资料结合埋藏史投影,可知各期次油气运移时储层的埋藏深度,同时从胜利油田收集回来的碎屑岩粒度测定资料显示研究区滩坝砂分选中等居多,因此选用图版中分选中等的孔隙度演化曲线。

书中首先用图版恢复了现今储层的孔隙度值(表5-3),发现与实测值有偏差,相对误差最大达到60.88%,最小为4.97%,平均为26.38%,因此要对恢复出的孔隙度值进行校正。以实测的孔隙度值与图版恢复的孔隙度值作图(图5-4),进行拟合,得到两者的相关关系式,用这个关系式校正图版恢复出的第一期和第二期油气进入储层时的孔隙度,校正后的结果见表5-4和表5-5。

表5-3 东营凹陷西部滩坝相储层现今孔隙度统计表

井号	深度(m)	图版孔隙度(%)	实测孔隙度(%)	绝对误差(%)	相对误差(%)
滨425	2585.10	24.31	20.30	4.01	19.76
滨425	2607.43	24.18	20.85	3.33	15.95
滨425	2624.42	24.06	20.80	3.26	15.69
滨425	2628.02	24.04	22.90	1.14	4.97
博901	2453.32	25.65	21.59	4.06	18.81
纯108	3052	15.44	9.60	5.84	60.88
纯12	2195.65	24.5	19.92	4.58	22.99
纯12	2209.60	24.68	19.80	4.88	24.65
纯17	2360.80	24.90	21.50	3.40	15.82
纯371	2684.45	24.18	18.38	5.80	31.56
纯371	2688.75	24.16	20.72	3.44	16.60
纯371	2693.30	24.13	20.46	3.67	17.94
纯84	2556.37	24.46	21.70	2.76	12.74
樊1	3315.21	16.99	11.08	5.91	53.34
樊119	3292.30	16.82	13	3.82	29.40
樊119	3292.55	16.82	12	4.82	40.17
樊137	3172.10	18.09	12.60	5.49	43.60
梁104	2847.41	15.07	11.60	3.47	29.91

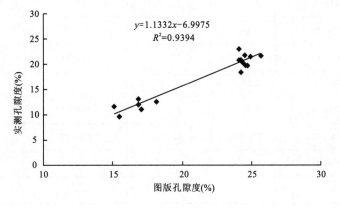

图5-4 滩坝相储层实测孔隙度与图版孔隙度关系图

表5-4 东营凹陷西部滩坝相储层第一期油气充注时古孔隙度和古运移阻力恢复数据

井号	深度(m)	古埋深(m)	古孔隙度(%)	古排驱压力(MPa)	古中值压力(MPa)
樊137	3152.7	1638	19.81	0.0093	0.0380
高89	2997.1	1860	19.46	0.0094	0.0386
高89	3015.55	1747	19.43	0.0094	0.0387
高896	2510.8	2021	20.02	0.0092	0.0376
纯108	3052	1352	22.76	0.0086	0.0333
梁104	2856.17	1442	21.58	0.0088	0.0351
梁218	3166.8	1900	19.55	0.0093	0.0384
梁218	3180.2	1780	19.40	0.0094	0.0387
梁105	3123.1	1760	19.41	0.0094	0.0387
滨425	2586.2	1439	21.61	0.0088	0.0350
滨425	2667.2	1805	19.40	0.0094	0.0387
滨425	2691.52	1900	19.55	0.0093	0.0384
滨427	2930.7	1620	19.92	0.0092	0.0378
滨661	2752.9	1730	19.46	0.0094	0.0386
滨661	2762.3	1860	19.46	0.0094	0.0386
滨667	2943.25	1620	19.92	0.0092	0.0378

表5-5 东营凹陷西部滩坝相储层第二期油气充注时古孔隙度和古运移阻力恢复数据

井号	深度(m)	古埋深(m)	古孔隙度(%)	古排驱压力(MPa)	古中值压力(MPa)
樊119	3288.8	2170	20.72	0.0090	0.0364
樊143	3110.85	2145	20.61	0.0091	0.0366
高351	2444.49	2360	21.22	0.0089	0.0356
高351	2455.9	2262	21.05	0.0090	0.0359
高89	2998.7	2395	21.22	0.0089	0.0356
博15	2683.93	1955	19.74	0.0093	0.0381
纯84	2556.37	1921	19.62	0.0093	0.0383
纯108	3090.75	2340	21.21	0.0089	0.0356
梁104	2847.41	2112	20.45	0.0091	0.0369

续表 5-5

井号	深度(m)	古埋深(m)	古孔隙度(%)	古排驱压力(MPa)	古中值压力(MPa)
梁218	3232.45	2621	20.30	0.0091	0.0371
滨425	2589.2	1982	19.85	0.0093	0.0379
滨425	2607.43	1600	20.05	0.0092	0.0375
滨667	2921.8	2200	20.84	0.0090	0.0362
滨668	3515.7	2799	18.52	0.0096	0.0405
滨668	3228.8	2565	20.68	0.0090	0.0365
利881	3002.5	2420	21.20	0.0089	0.0356
利881	3007.7	2059	20.20	0.0092	0.0373

2. 古毛细管力压力恢复

在前文讨论毛细管压力时，建立了排驱压力 P_d 和饱和中值压力 P_{c50} 与孔隙度的关系式，即：

$$P_d = 0.0472\phi^{-0.5454} \tag{5-4}$$

$$P_{c50} = 0.6214\phi^{-0.936} \tag{5-5}$$

三、初次运移向下排烃动力学条件

油气初次运移过程非常复杂，目前研究认为至少存在压实、扩散和微裂缝3种机理（异常高地层压力作用），运移相态有水溶相和游离相两种。大量研究表明油气初次运移的相态为游离相。因此，本书讨论异常地层压力作用下油气初次运移的动力学过程的前提即为油气在烃源岩中以游离相运移。在烃源岩中，油气应该由高压烃源岩向其上部或下部压力较低的储层或输导层中垂向排放。研究区滩坝砂油藏主要分布在沙四上纯下次亚段，油源对比结果显示滩坝砂油藏的原油基本来自纯上次亚段烃源岩的贡献。研究区大量单井岩性柱也表明沙四上亚段上部以泥岩和油页岩发育为特征，下部以砂岩发育为特征，中间以砂泥界面分隔，结合洼陷中心单井压力结构分析可知砂泥界面基本位于超压中心下方，其上的泥岩中发育较强的超压。因此，本书认为滩坝砂油藏中的油气是高压烃源岩先垂直向下排烃（图5-5），到砂泥界面后再侧向运移至合适的圈闭中成藏的结果。因此在油气的初次运移过程中，异常压力差是运移的动力，要不断克服浮力和砂泥岩界面的毛细管压力（假设油相在泥岩中通过微裂缝排烃，则油相从微裂缝排驱通过砂泥界面进入砂岩孔隙中时毛细管力为阻力），即：

$$\Delta P - \rho_w gh > P_c + (\rho_w - \rho_o)gh \quad (5-6)$$

式中，ΔP 为烃源岩超压峰值压力 P_1 与砂泥界面处压力 P_2 之间的压力差（MPa）；P_c 为泥岩毛细管压力（MPa）；h 为超压峰值到砂泥界面的垂直距离（km）；ρ_w、ρ_o 分别为水与油（或气）的密度（g/cm³）；g 为重力加速度（m/s²）。

将公式（5-6）改写成：

$$\frac{\Delta P - P_c}{h} > (2\rho_w - \rho_o)g \quad (5-7)$$

利用胜利油田收集回来的泥岩毛细管压力数据建立了现今泥岩突破压力与深度的关系图（图5-6）。另外，读取研究区两百多口单井现今砂泥界面的埋藏深度，并恢复各单井埋藏史，从埋藏史图上读取32.8Ma和6Ma时期砂泥界面的埋藏深度，利用等效深度法预测各时期砂泥界面压力以及其上的超压峰值压力。为了便于分析，求取各时期洼陷带单井砂泥界面的平均深度，将该深度对应的突破压力作为油气初次运移需要克服的泥岩毛细管压力。32.8Ma时期研究区以常压发育为特征，因此油气运移的动力是浮力，油滴在浮力作用下向上运移，压力对油气运移没有作用。6Ma时期研究区广泛发育超压，这个时期砂泥界面的平均深度为2500m，对应的突破压力取1.5MPa；0Ma时期研究区超压发育更为普遍，砂泥界面的平均深度为3300m，对应的突破压力取2.0MPa。取原油密度为0.85g/cm³，地层水密度为1.05g/cm³，则32.8Ma油气充注时期烃源岩向下排烃的动力学条件为：

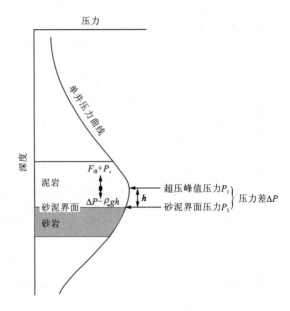

图5-5 超压驱动下油气初次运移动力学模型图

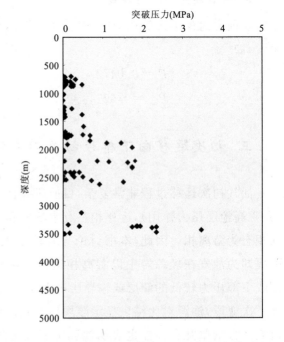

图5-6 东营凹陷西部泥岩突破压力与深度关系图

$$\frac{\Delta P - 1.5}{h} > 12.26 \quad (5-8)$$

0Ma油气充注时期烃源岩向下排烃的动力学条件为：

$$\frac{\Delta P-2}{h}>12.26 \tag{5-9}$$

图 5-7、图 5-8 分别为第二期和第三期油气充注时期烃源岩内油气向下排驱的动力条件。图中直线为向下运移的门限条件,即 $\frac{\Delta P-P_c}{h}=12.26\text{MPa/km}$。只要烃源岩内 $\frac{\Delta P-P_c}{h}>12.26\text{MPa/km}$,则油气可以向下运移,反之则不能。从图中可以看出,第二期油气充注时期满足油气向下运移的井较少,这主要与此时超压不是十分发育有关;而第三期油气充注时期洼陷中心普遍发育超压,此时期大量油气可从烃源岩中向下运移到滩坝砂体中。

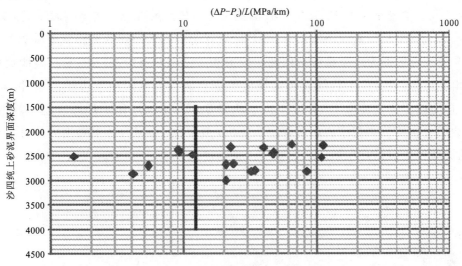

图 5-7 6Ma 烃源岩内油气初次运移动力学条件图

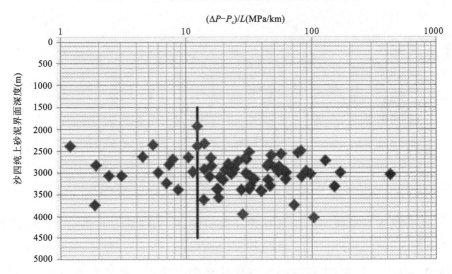

图 5-8 0Ma 烃源岩内油气初次运移动力学条件图

为了进一步判断超压驱动下油气垂向向下初次运移距离(h)与压差(ΔP)关系,将公式(5-7)变换为:

$$\frac{\Delta P - P_c}{(2\rho_w - \rho_o)g} > h \qquad (5-10)$$

$$h < \frac{\Delta P}{(2\rho_w - \rho_o)g} - \frac{P_c}{(2\rho_w - \rho_o)g} \qquad (5-11)$$

$$h < \frac{1}{12.26}\Delta P - \frac{P_c}{12.26} \qquad (5-12)$$

由公式(5-12)可知,连续油相从烃源岩中向下排驱的距离 h 是 ΔP 和 P_c 的函数,显然 ΔP 越大、P_c 越小,则向下排驱的门限距离就越大。以第三期油气充注时期为例,此时期烃源岩中排驱压力 P_c 取 2.0MPa,则 h 与 ΔP 关系可用一次函数表示,即图 5-9 中直线,那么图中位于直线下方的 $h-\Delta P$ 区域才为烃源岩中连续油相向下排驱的条件。图 5-9 中散点数据为现今烃源岩内超压峰值和砂泥界面压力差(ΔP)与对应距离(h)数据对,由图可知,只有位于直线右边区域的数据点满足烃源岩向下排驱的条件,连续油相向下排驱的距离主要位于 150m 以内。从图 5-10 中油层顶距烃源岩超压峰值距离可知,油层也主要分布在距离超压峰值±150m 范围内。因此,对于滩坝砂油藏来说,最有利的成藏位置应该是在超压封存箱泄压带距离超压中心±150m 以内的位置。

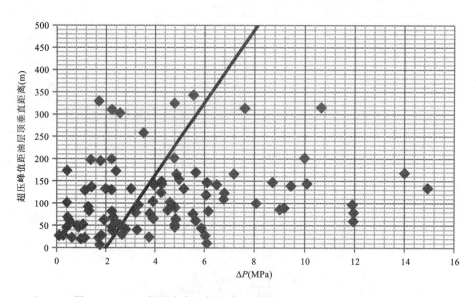

图 5-9 0Ma 烃源岩内油气初次运移距离(h)与压差(ΔP)关系图

另外,结合前人对东营凹陷西部有效烃源岩的研究,根据有机碳分布、生排烃强度、有机质成熟度等条件划分出 3 个时期研究区的有效生烃中心(图 5-11、图 5-12)。通过将运移动力与阻力耦合,生烃中心大多数井都能在压力差作用下垂直向下排烃,特别是 0Ma 时期,超压发育对油气初次运移的动力作用非常明显。

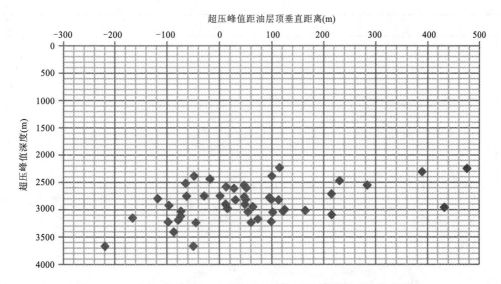

图 5-10　今单井油层顶距超压峰值垂直距离与超压峰值深度关系图

四、二次运移侧向运移力学条件

通过达西定律可以定量地分析油相二次运移的动力构成(图 5-13),油相运移速度:

$$V = -\frac{K}{\mu}\left(\frac{\Delta P - P_c}{L} - \rho_w g\sin\theta + \Delta\rho g\sin\theta\right) \quad (5-13)$$

式中,K 为油的有效渗透率;μ 为油相的黏度;L 为流动方向上的距离;ΔP 为 P_1 到 P_2 方向上距离为 L 时压力降;$\Delta\rho$ 为油水密度差;ρ_w 为油密度;P_c 为流动方向上的毛细管压力;θ 为地层倾角;g 为重力加速度。

当 $V<0$ 时,表示油向上运移;$V>0$ 时,表示油向下运移。显然油相向上运移的条件是 $V<0$,即:

$$\frac{\Delta P - P_c}{L} - \rho_w g\sin\theta + \Delta\rho g\sin\theta > 0 \quad (5-14)$$

$$\Delta P - P_c - \rho_w Lg\sin\theta + \Delta\rho Lg\sin\theta > 0 \quad (5-15)$$

令:

$$F_{水动力} = \Delta P - \rho_w Lg\sin\theta \quad (5-16)$$

$$F_{浮力} = \Delta\rho Lg\sin\theta \quad (5-17)$$

$$F_{毛细管排驱压力} = -P_c \quad (5-18)$$

式中,$F_{水动力}$ 为水动力;$F_{毛细管排驱压力}$ 为储层中毛细管排驱压力;$F_{浮力}$ 为油相的浮力在 θ 方向上分量。则公式(5-15)可变换为:

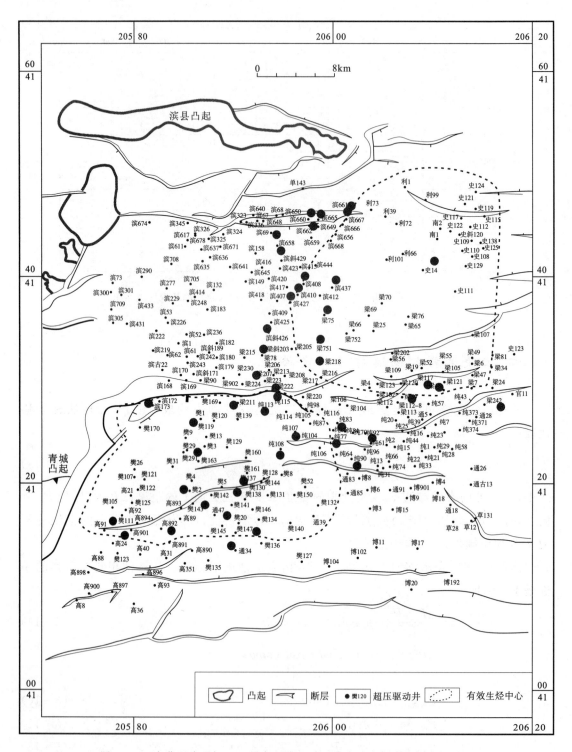

图 5-11 东营凹陷西部 6Ma 油气初次运移过程中动力与阻力耦合结果图

第五章 不同压力背景下流体运移动力构成及判识依据

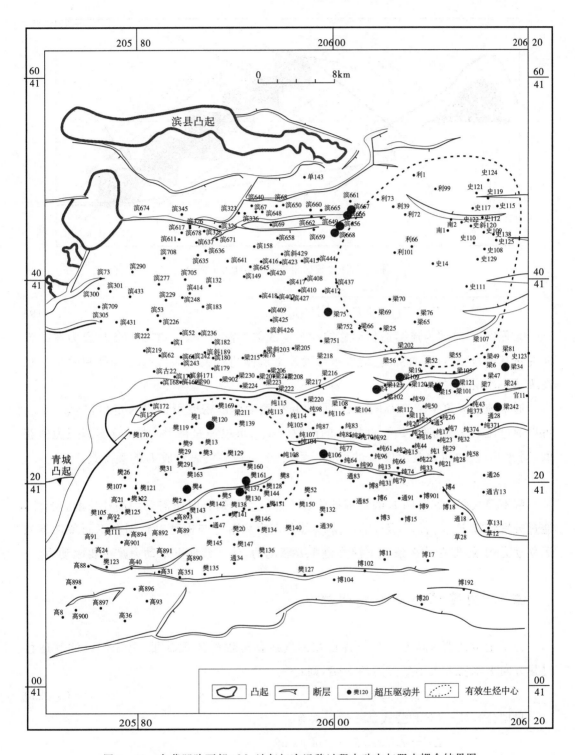

图 5-12 东营凹陷西部 0Ma 油气初次运移过程中动力与阻力耦合结果图

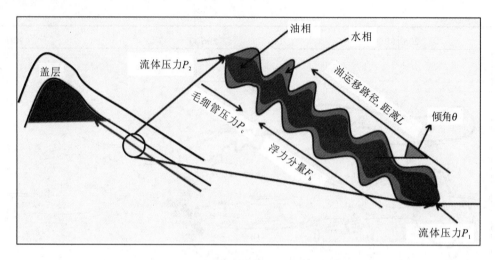

图 5-13 连续油相二次运移动力学模型

$$F_o = F_{水动力} + F_{浮力} + F_{毛细管排驱压力} \tag{5-19}$$

方程(5-19)即为连续油相运移的动力构成数学模型，$F_{水动力}$ 主要与流体压力在 L 方向变化有关；$F_{浮力}$ 与原油密度、地层水密度及地层倾角有关，$F_{毛细管排驱压力}$ 与孔隙吼道半径在 L 方向变化有关。

通常地层倾角是距离 L 的函数，原油和孔隙流体的密度可以设为定值，$F_{毛细管排驱压力}$ 可以通过压汞实验获取，$F_{浮力}$ 也是 L 的函数，$F_{水动力}$ 可以通过测井、地震及实测压力值获取，同理 $F_{水动力}$ 也可以表示成 L 的函数。则公式(5-19)可表示成 L 的关系式：

$$F(L) > 0 \tag{5-20}$$

解不等式(5-20)，则 L 的范围即为发生连续油相运移时所需要的油柱长度。当然，通过分别计算 $F_{水动力}$、$F_{浮力}$ 及 $F_{毛细管排驱压力}$ 等各动力和阻力变化可以判别在不同条件下油运移动力构成，即在什么条件下浮力是主要驱动力，什么条件下水动力是主要驱动力。

五、二次运移动力构成判识

为了定量判别水动力和浮力各自在油气运移过程中的贡献量，首先假设油气运移过程方向上水动力大小是浮力的 x 倍，则：

$$F_{水动力} = x F_{浮力} \tag{5-21}$$

根据公式(5-16)和公式(5-17)，则有：

$$\Delta P - \rho_w L g \sin\theta = x \Delta \rho L g \sin\theta$$

$$\Delta P = \rho_w L g \sin\theta + x \Delta \rho L g \sin\theta$$

$$\Delta \rho = \rho_w - \rho_o$$

$$\Delta P = (x+1)\rho_w Lg\sin\theta - x\rho_o Lg\sin\theta$$

$$\frac{\Delta P}{L} = [(x+1)\rho_w - x\rho_o]g\sin\theta \tag{5-22}$$

同理取 $\rho_w=1.05\text{kg/m}^3$，$\rho_o=0.85\text{kg/m}^3$，$g=9.81\text{m/s}^2$，$\theta=5°$，则建立压力梯度 $\left(\dfrac{\Delta P}{L}\right)$ 与水动力贡献量 $\left(\dfrac{x}{1+x}\right)$ 定量关系或者与浮力贡献量 $\left(1-\dfrac{x}{1+x}\right)$ 定量关系。当 $x=0$ 时表示水动力为 0，此时油相运移为浮力单独驱动；当 $x>0$ 时表示油相运移为水动力和浮力共同驱动，x 值越大表明水动力相对于浮力对油相运移影响越大。

由图 5-14 和图 5-15 可知，当压力梯度小于 1.07MPa/km 时，浮力贡献率超过 50%，此时 $x<1$；当压力梯度位于 1.07～1.41MPa/km 之间时，浮力贡献率为 25%～50%，此时水动力贡献率为 50%～75%，$1<x<3$；当压力梯度大于 2.44MPa/km 时，水动力贡献率为超过 90%，$x>9$。图 5-16 和图 5-17 分别为利津洼陷的博兴洼陷滩坝砂油藏动力构成连续油相二次运移压力梯度与至生烃洼陷中心距离变化图。对比利津和博兴洼陷压力梯度相对于洼陷中心变化率可知，利津洼陷大部分含油层位压力梯度大于 1.5MPa/km，表明水动力贡献要高于 75%，油藏主要分布在距离洼陷中心 10km 以外距离位置；而博兴滩坝砂油藏主要分布在距离洼陷中心 10km 范围内，运移动力以浮力和水动力共同作用。可见，盆地超压越发育，水动力就越强，油气运移距离越远；相反，单纯以浮力作为驱动力的油气运移过程，油气运移距离短，油气主要在烃源灶附近成藏。

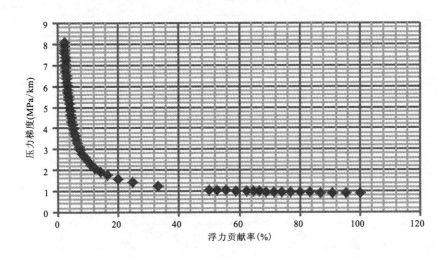

图 5-14 连续油相二次运移浮力贡献率随压力梯度变化图

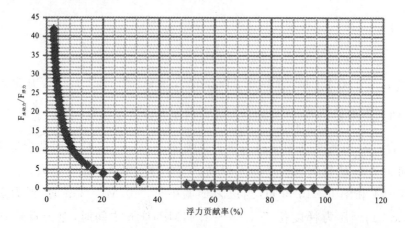

图 5-15 连续油相二次运移浮力贡献率随水动力与浮力相对值变化图

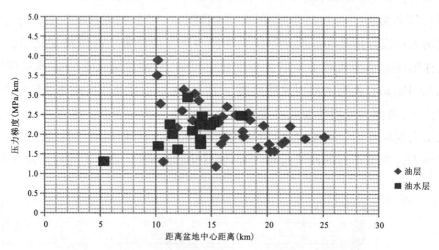

图 5-16 利津洼陷滩坝砂油藏连续油相二次运移压力梯度与至洼陷中心距离变化图

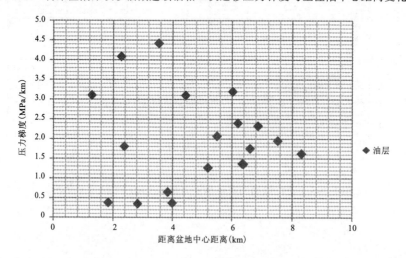

图 5-17 博兴洼陷滩坝砂油藏连续油相二次运移压力梯度与至洼陷中心距离变化图

第三节 滩坝砂油藏成藏动力学门限

根据公式(5-13)可知,满足连续油相运移的条件是:

$$\frac{\Delta P}{L} > \frac{P_c}{L} + \rho_o g \sin\theta \qquad (5-23)$$

假设克服毛细管中值压力就可以满足连续油相运移,储层岩石的最大中值压力为2.3MPa(根据压汞实验换算成油水条件下的毛细管力),水密度为$1.05\text{g}/\text{cm}^3$,地层倾角取平均值5°,则连续油相充注的动力学门限条件:

$$\frac{\Delta P}{L} > \frac{2.3}{L} + 0.85 \times 9.81 \times \sin5° \qquad (5-24)$$

则有:

$$\frac{\Delta P}{L} > \frac{2.3}{L} + 0.727 \qquad (5-25)$$

公式(5-25)即为现今条件连续油相运移的动力学门限条件,可见油相运移方向上运移距离和对应的压力梯度共同控制了油相运移过程。而油气运移方向和运移路径主要受纯上亚段砂岩和泥岩的界面控制。如图5-18所示,通过统计研究区油层位置与砂泥界面距离发现,大部分油层分布在距离砂泥界面50m以内,平均值为27m。因此,洼

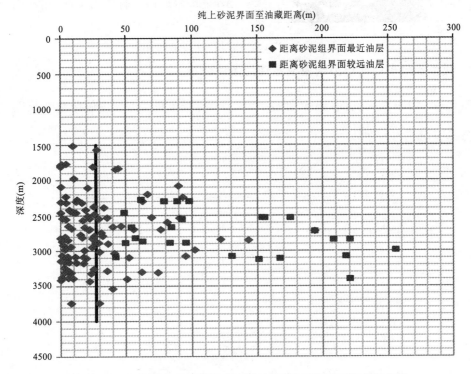

图5-18 东营凹陷西部滩坝砂油层顶至纯上砂泥界面距离分布图

陷中心纯上段泥岩向下排出的油气达到砂泥界面后,开始在浮力和水动力作用下沿着砂泥界面侧向向洼陷边缘构造高点运移,最终聚集成藏。

一、成藏动力剖面分析

选取以下 6 条剖面进行成藏动力剖面分析(图 5-19、图 5-21、图 5-23、图 5-25、图 5-27 和图 5-29),分别统计了各剖面中砂泥界面压力递减梯度随距离的变化。下面根据各剖面具体分析成藏动力学条件。

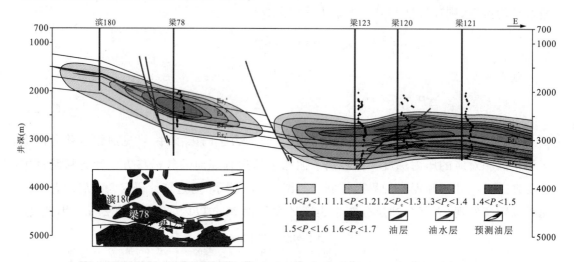

图 5-19　滨 180—梁 121 压力系数剖面

1. 利津洼陷东西向压力剖面成藏动力条件分析

图 5-20 为东西向剖面(图 5-19)中梁 78—滨 180 井压力梯度随距离变化图,$\dfrac{\Delta P}{L}$可以用公式表示:

$$\frac{\Delta P}{L}=-0.1208L+2.6704 \tag{5-27}$$

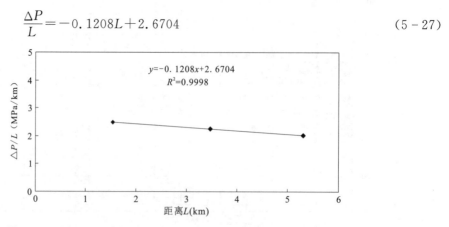

图 5-20　图 5-19 中梁 78—滨 180 井压力递减梯度随距离变化图

L 为至洼陷超压中心点的距离(km)。则根据公式(5-25):

$$\frac{\Delta P}{L} > \frac{2.3}{L} + 0.727 \tag{5-28}$$

$$0.1208L^2 - 1.9434L + 2.3 < 0 \tag{5-29}$$

$$1.28\text{km} < L < 14.8\text{km} \tag{5-30}$$

即只要在超压中心聚集 1.28km 长度的油柱就可以保证油柱持续向上运移。

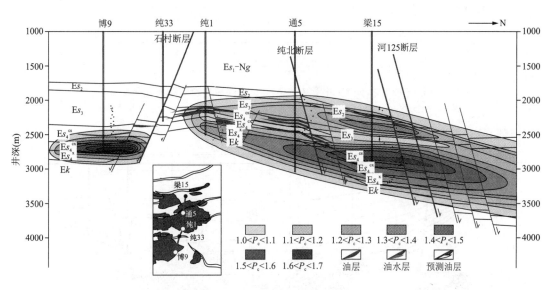

图 5-21 博 9—梁 15 压力系数剖面图

2. 纯梁地区南北向压力剖面成藏动力条件分析

图 5-22 为南北向剖面(图 5-21)梁 15—纯 1 井压力梯度随距离变化图,$\frac{\Delta P}{L}$ 可以用公式表示:

$$\frac{\Delta P}{L} = 0.0846L^2 - 0.8515L + 4.6746 \tag{5-31}$$

L 为至洼陷超压中心点的距离(km)。则根据公式(5-25):

$$\frac{\Delta P}{L} > \frac{2.3}{L} + 0.727 \tag{5-32}$$

$$0.0846L^3 - 0.8515L^2 + 3.9476L - 2.3 > 0 \tag{5-33}$$

$$L > 0.67\text{km} \tag{5-34}$$

即只要在超压中心聚集 0.67km 长度的油柱就可以保证原油持续向上运移。

3. 博兴洼陷南北向压力剖面成藏动力条件分析

图 5-24 为南北向剖面(图 5-23)压力梯度随距离变化图,$\frac{\Delta P}{L}$ 可以用公式表示:

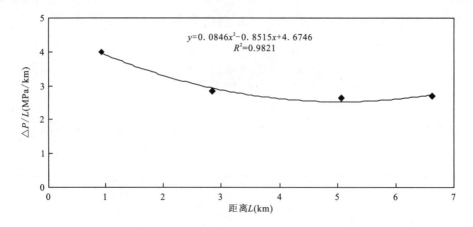

图 5-22　图 5-21 中梁 15—纯 1 压力递减梯度随距离变化图

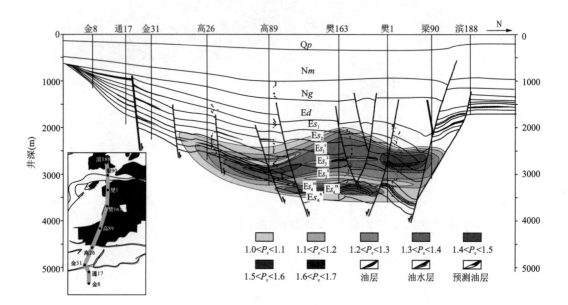

图 5-23　金 8—滨 188 压力系数剖面

$$\frac{\Delta P}{L} = -0.0038L^2 + 0.089L + 1.4913 \qquad (5-35)$$

L 为至主洼陷超压中心点的距离。则根据公式(5-25)：

$$\frac{\Delta P}{L} > \frac{2.3}{L} + 0.727 \qquad (5-36)$$

$$-0.0038L^3 + 0.089L^2 + 0.7643L - 2.3 > 0 \qquad (5-37)$$

$$2.40\text{km} < L < 29.54\text{km} \qquad (5-38)$$

即只要在超压中心聚集 2.40km 长度的油柱就可以保证原油持续向上运移，最远运移距离为 29.54km。

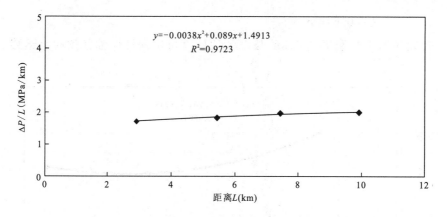

图 5-24 图 5-23 中樊 163—高 26 井压力递减梯度随距离变化图

4. 博兴-利津洼陷南北向压力剖面成藏动力条件分析

图 5-26 为南北向樊深 1—高 26 井剖面（图 5-25）压力梯度随距离变化图，$\dfrac{\Delta P}{L}$ 可以用公式表示：

$$\frac{\Delta P}{L} = 0.0621L^2 - 0.8056L + 4.8003 \tag{5-39}$$

L 为至主洼陷超压中心点的距离。则根据公式(5-25)：

$$\frac{\Delta P}{L} > \frac{2.3}{L} + 0.727 \tag{5-40}$$

$$0.0621L^3 - 0.8056L^2 + 4.0733L - 2.3 > 0 \tag{5-41}$$

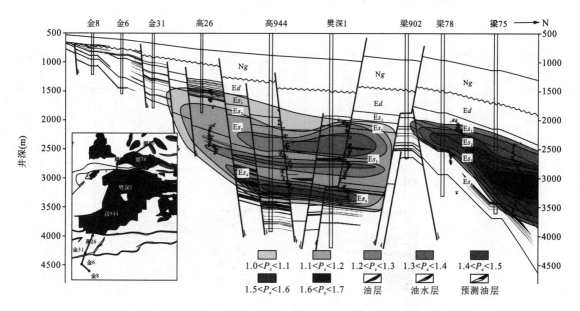

图 5-25 金 8—梁 75 压力系数剖面及压力递减梯度随距离变化图

$$L > 0.64 \text{km} \tag{5-42}$$

即只要在超压中心聚集 0.64km 长度的油柱就可以保证原油持续向上运移。

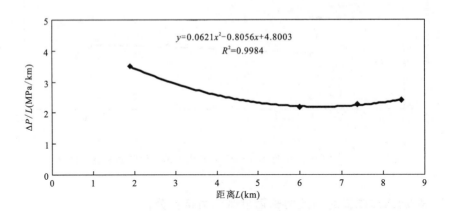

图 5-26　图 5-25 中樊深 1—高 26 井压力递减梯度随距离变化图

5. 利津洼陷南北向压力剖面成藏动力条件分析

图 5-28 为南北向梁 109—梁 122 井剖面(图 5-27)沙四上纯下亚段压力梯度随距离变化图，$\dfrac{\Delta P}{L}$ 可以用公式表示：

$$\frac{\Delta P}{L} = 0.1819L^3 - 1.1727L^2 + 1.3612L + 5.3413 \tag{5-43}$$

L 为至主洼陷超压中心点的距离。则根据公式(5-25)：

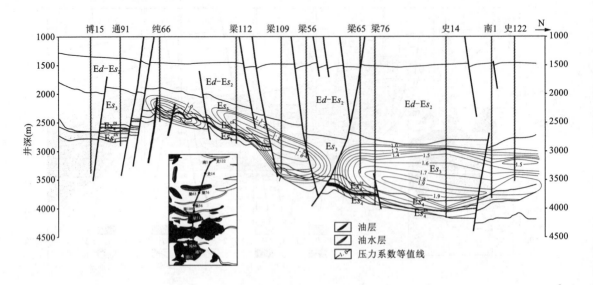

图 5-27　博 15—史 122 压力系数剖面图

$$\frac{\Delta P}{L} > \frac{2.3}{L} + 0.727 \quad (5-44)$$

$$0.1819L^4 - 1.1727L^3 + 1.3612L^2 + 4.7043L - 2.3 > 0 \quad (5-45)$$

$$L > 0.45 \text{km} \quad (5-46)$$

即只要在超压中心聚集 0.45km 长度的油柱就可以保证原油持续向上运移。

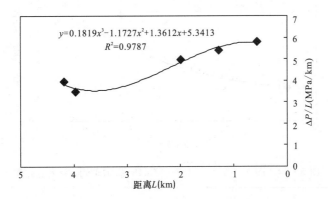

图 5-28　图 5-27 中梁 109—梁 122 压力递减梯度随距离变化图

6. 利津洼陷东西向压力剖面成藏动力条件分析

图 5-30 为东西向剖面（图 5-29）沙四上纯下亚段滨 437—滨 418 压力梯度随距离变化图，$\frac{\Delta P}{L}$ 可以用公式表示：

$$\frac{\Delta P}{L} = 0.0049L^2 - 0.2465L + 4.1942 \quad (5-47)$$

L 为至洼陷超压中心点的距离。则根据公式（5-25）：

$$\frac{\Delta P}{L} > \frac{2.3}{L} + 0.727 \quad (5-48)$$

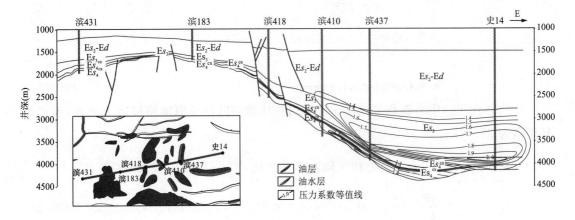

图 5-29　滨 431—史 14 压力系数剖面图

$$0.0049L^3 - 0.2465L^2 + 3.4672L - 2.3 > 0 \quad (5-49)$$

$$L > 0.70 \text{km} \quad (5-50)$$

即只要在超压中心聚集 0.70km 长度的油柱就可以保证原油持续向上运移。

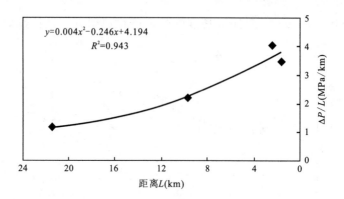

图 5-30　图 5-29 中滨 437—滨 418 压力梯度随距离变化图

二、成藏动力平面分析

以洼陷超压中心为起点,呈辐射状选取利津洼陷 3 条剖面和博兴洼陷 2 条剖面进行成藏动力平面分析(图 5-31)。

(1)图 5-32 为剖面 I 压力梯度随距离变化图,$\frac{\Delta P}{L}$ 可以用公式表示：

$$\frac{\Delta P}{L} = -0.000\,46L^3 + 0.020\,35L^2 - 0.289\,33L + 4.184\,23 \quad (5-51)$$

L 为至洼陷超压中心点的距离。则根据公式(5-25):

$$\frac{\Delta P}{L} > \frac{2.3}{L} + 0.727 \quad (5-52)$$

$$-0.000\,46L^4 + 0.020\,35L^3 - 0.289\,33L^2 + 3.457\,23L - 2.3 > 0 \quad (5-53)$$

$$0.70\text{km} < L < 31.72\text{km} \quad (5-54)$$

即只要在超压中心聚集 0.70km 长度的油柱就可以保证原油持续向上运移,最远运移距离为 31.72km。

(2)图 5-33 为剖面 II 压力梯度随距离变化图,$\frac{\Delta P}{L}$ 可以用公式表示：

$$\frac{\Delta P}{L} = -0.000\,80L^3 + 0.036\,04L^2 - 0.459\,15L + 4.122\,12 \quad (5-55)$$

L 为至洼陷超压中心点的距离。则根据公式(5-25):

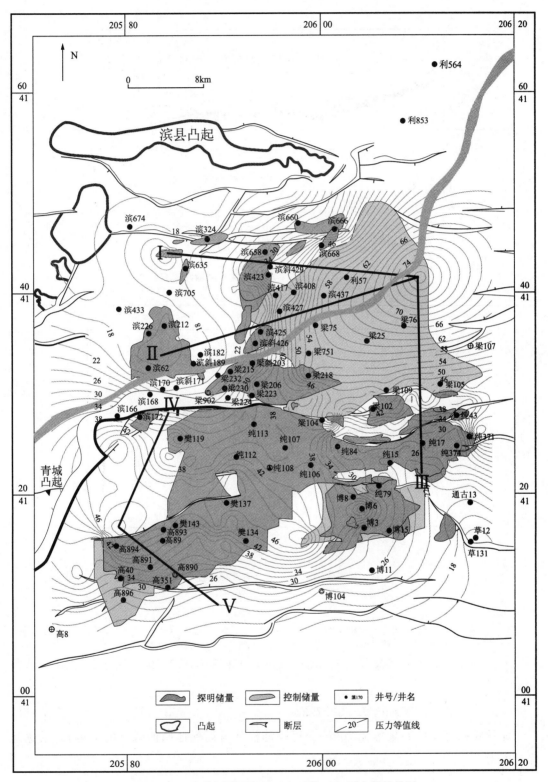

图 5-31 东营凹陷西部沙四上亚段 0Ma 压力等值线图

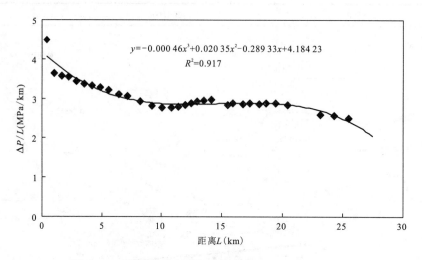

图 5-32 利津洼陷剖面Ⅰ压力递减梯度随距离变化图

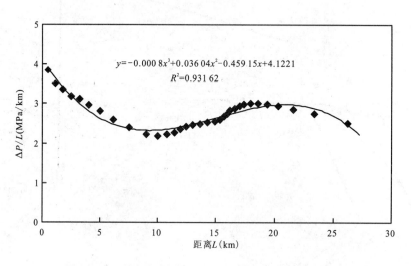

图 5-33 利津洼陷剖面Ⅱ压力递减梯度随距离变化图

$$\frac{\Delta P}{L} > \frac{2.3}{L} + 0.727 \tag{5-56}$$

$$-0.0008L^4 + 0.03604L^3 - 0.45915L^2 + 3.39512L - 2.3 > 0 \tag{5-57}$$

$$0.75\text{km} < L < 30.79\text{km} \tag{5-58}$$

即只要在超压中心聚集 0.75km 长度的油柱就可以保证原油持续向上运移,最远运移距离为 30.79km。

(3)图 5-34 为剖面Ⅲ压力梯度随距离变化图,$\frac{\Delta P}{L}$ 可以用公式表示:

第五章 不同压力背景下流体运移动力构成及判识依据

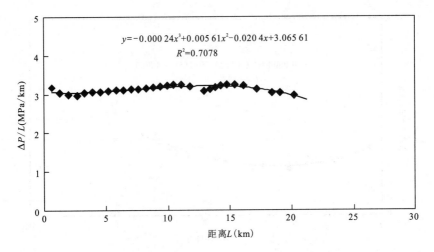

图 5-34 利津洼陷剖面Ⅲ压力递减梯度随距离变化图

$$\frac{\Delta P}{L}=-0.000\ 24L^3+0.005\ 61L^2-0.020\ 40L+3.065\ 61 \quad (5-59)$$

L 为至主洼陷超压中心点的距离。则根据公式(5-25)：

$$\frac{\Delta P}{L}>\frac{2.3}{L}+0.727 \quad (5-60)$$

$$-0.000\ 24L^4+0.005\ 61L^3-0.020\ 4L^2+2.338\ 61L-2.3>0 \quad (5-61)$$

$$0.99\text{km}<L<30.64\text{km} \quad (5-62)$$

即只要在超压中心聚集 0.99km 长度的油柱就可以保证原油持续向上运移,最远运移距离为 30.64km。

(4)图 5-35 为剖面Ⅳ压力梯度随距离变化图,$\frac{\Delta P}{L}$可以用公式表示：

$$\frac{\Delta P}{L}=-0.000\ 18L^3+0.015\ 62L^2-0.165L+1.460\ 77 \quad (5-63)$$

L 为至主洼陷超压中心点的距离。则根据公式(5-25)：

$$\frac{\Delta P}{L}>\frac{2.3}{L}+0.727 \quad (5-64)$$

$$-0.000\ 18L^4+0.015\ 62L^3-0.165L^2+0.733\ 77L-2.3>0 \quad (5-65)$$

$$7.60\text{km}<L<75.29\text{km} \quad (5-66)$$

即只要在超压中心聚集 1.92km 长度的油柱就可以保证原油持续向上运移,最远运移距离为 76.1km。

(5)图 5-36 为剖面Ⅴ压力梯度随距离变化图,$\frac{\Delta P}{L}$可以用公式表示：

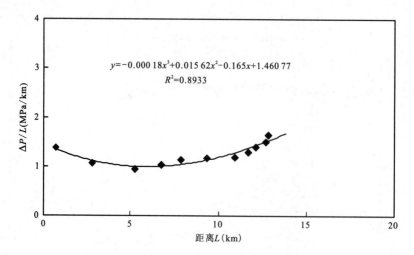

图5-35 博兴洼陷剖面Ⅳ压力递减梯度随距离变化图

$$\frac{\Delta P}{L}=0.00259L^3-0.0739L^2+0.6246L+0.92546 \tag{5-67}$$

L为至洼陷超压中心点的距离。则根据公式(5-25)：

$$\frac{\Delta P}{L}>\frac{2.3}{L}+0.727 \tag{5-68}$$

$$0.00259L^4-0.0739L^3+0.6246L^2+0.19846L-2.3>0 \tag{5-69}$$

$$L>1.98\text{km} \tag{5-70}$$

即只要在超压中心聚集1.98km长度的油柱就可以保证原油持续向上运移。

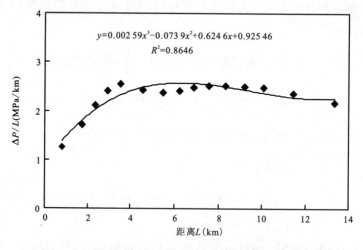

图5-36 博兴洼陷剖面Ⅴ压力递减梯度随距离变化图

第四节　不同压力环境下油气成藏动力学模式

根据前面油气运移动力构成及判别标准建立了沙四上亚段滩坝砂油藏成藏动力学模式。总体上，沙四上亚段滩坝砂油藏成藏动力形式以洼陷为中心呈环带分布，洼陷中心以垂向超压驱动机制为主，斜坡带以侧向超压＋浮力复合驱动机制为主，盆缘部位主要靠单一浮力驱动（图5-37～图5-41）。

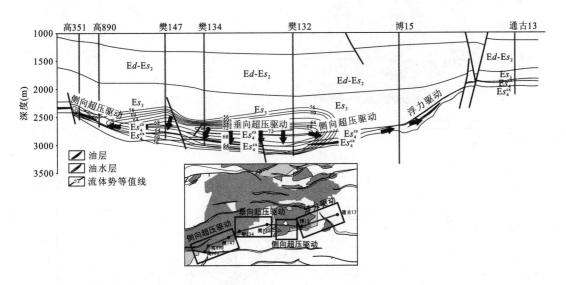

图5-37　高351—通古13油藏剖面成藏动力构成图

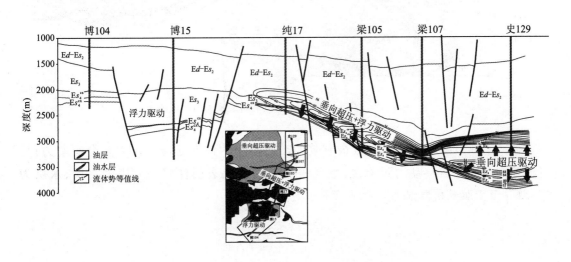

图5-38　博104—史129油藏剖面成藏动力构成图

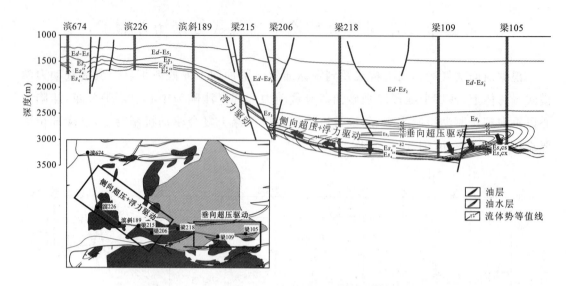

图 5-39　滨 674—梁 105 油藏剖面成藏动力构成图

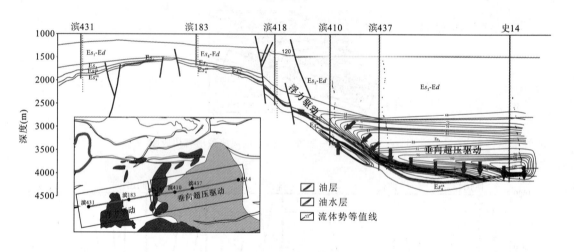

图 5-40　滨 431—史 14 油藏剖面成藏动力构成图

沙四上亚段滩坝砂油藏成藏最有效的动力组合为侧向超压+浮力复合驱动力；尽管洼陷中心油气运移动力最充足，然而根据试油结果表明洼陷中心以油水层、水层为主；单一浮力驱动机制对滩坝砂油藏成藏效果最差。

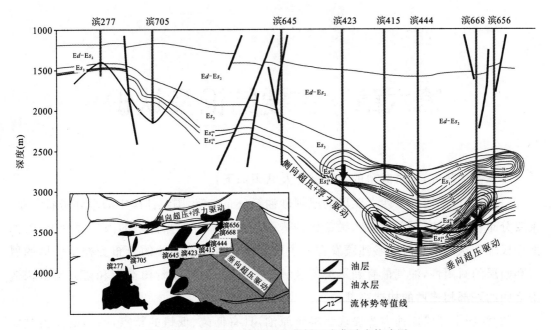

图 5-41 滨 277—滨 656 油藏剖面成藏动力构成图

第六章　主要结论及认识

基于前述研究，本书获得的主要结论及认识如下：

(1)东营凹陷西部沙四上亚段的滩坝砂油藏分布广泛，围绕洼陷中心呈环带状分布，主要分布在利津洼陷西南斜坡、梁家楼构造带南部及靠近博兴洼陷的南斜坡带上，沙四上亚段纯下次亚段是滩坝砂油藏发育的主要层位。滩坝砂油藏的分布受控于砂体的展布和断层的封闭性，油气最有利聚集的区域是与滨南-利津断阶构造带和博兴断阶构造带之间的鞍部相连通的构造高部位。

(2)沙四上亚段原油主要表现为轻质原油，具有低硫、低蜡的特点，原油的动力黏度和凝固点的分布范围较广，平均凝固点约为30℃。滩坝砂储层的孔隙类型主要为原生孔隙和次生孔隙，属于中孔中渗储层，含油饱和度较高，均值为36.63%。沙四上亚段地层的温度范围为21～166℃，平均值为124.75℃，具高热流特征；压力系数范围为0.42～1.7，平均值为1.16，整体表现为常压-超压特征。

(3)根据滩坝砂油藏发育的构造位置及所处的压力系统，沙四上亚段滩坝砂油藏可划分为洼陷内超压系统油藏、斜坡带超压系统油藏和斜坡带常压系统油藏3种类型的油藏。洼陷内超压系统油藏的温压、含油饱和度、含油柱高度均高于其余两种类型油藏，但是原油密度最低，斜坡带超压系统油藏次之；滩坝砂油藏的地层水均为氯化钙型，矿化度则是斜坡的超压系统油藏最小。

(4)流体包裹体系统分析的显微测温结果表明东营凹陷西部沙四上亚段储层中存在至少五幕热流体活动、四幕油充注和四幕含烃流体活动。结合包裹体的荧光颜色和光谱分析可知，东营凹陷西部沙四上亚段发育3期油气充注：第一期烃类包裹体发橙色-黄色荧光，对应第一幕油充注；第二期烃类包裹体发浅黄色荧光，对应第二幕充注；第三期烃类包裹体主要以发黄绿色-蓝白色荧光为主，对应第三幕和第四幕油充注。

(5)运用均一温度-精细埋藏史投影法，得出东营凹陷西部沙四上亚段滩坝砂油藏共发生3期油充注：第一期油充注时间为34.8～25.1Ma(Es_1 晚期—Ed 晚期)；第二期油充注时间为12.5～4.8Ma(Ng 中期—Nm 早期)；第三期油充注时间为4.3～0Ma(Nm 中期—现今)。主要的油充注时期为第二期和第三期，特别是发生在4.3～0Ma的第三期油充注奠定了现今的油气分布格局。

(6)利用声波时差对单井的超压进行分析，可知东营凹陷西部普遍发育超压，在单井上表现出沙三段和沙四段为一个巨型超压封存箱,内部根据声波时差的波状起伏划分为一个、两个或者三个小型压力封存箱。由单井超压结构与沙四上亚段滩坝砂油层埋深关系可以得出,东营凹陷西部沙四上亚段滩坝砂油藏垂向上主要分布在超压系统的内部相对超压封存箱的泄压区,也有一部分油藏发育在超压封存箱泄压的常压区。

(7)平面上超压主要分布在利津地区和博兴地区,剖面上超压主要发育在沙三段和沙四上亚段中,其中超压中心位于沙三段,分布在洼陷中心附近及斜坡带的底部,欠压实作用是超压形成的主要机制。从流体包裹体PVT热动力学模拟结果可以得知:超压开始发育的年龄为9.8Ma左右,一直延续至今;压力对应三期油充注呈现三个旋回性,即第一期34.8~25.1Ma油充注时期主要为常压系统,第二期12.3~4.8Ma油充注时期开始发育超压,为常压-超压系统,第三期4.3~0Ma油充注时期开始广泛发育超压,为超压系统。

(8)在古、今毛细管压力恢复的基础上,综合油气运移动力和阻力分析,厘定了烃源岩向下排驱的动力学条件。研究结果表明,烃源岩内连续油相向下排驱的距离主要位于150m以内。而油层也主要分布在距离烃源岩内超压峰值±150m范围内。因此,对于滩坝砂油藏来说,其最有利的成藏位置应该是在超压封存箱泄压带距离超压中心±150m以内的位置。

(9)根据连续油相二次运移动力学条件分析,定量判别水动力和浮力各自在油气运移过程中的贡献量。当压力梯度小于1.07MPa/km时,浮力贡献率超过50%;当压力梯度位于1.07~1.41MPa/km之间时,浮力贡献率为25%~50%;当压力梯度大于2.44MPa/km时,水动力贡献率超过90%。利津洼陷大部分含油层位压力梯度大于1.5MPa/km,表明水动力贡献要高于75%,油藏主要分布在距离洼陷中心10km以外的位置;而博兴滩坝砂油藏主要分布在距离洼陷中心10km范围内,运移动力为浮力和水动力共同作用。可见,盆地超压越发育,水动力就越强,油气运移距离越远;相反,单纯以浮力作为驱动力的油气运移过程,油气运移距离短,油气主要在烃源灶附近成藏。

(10)对滩坝砂油藏成藏动力构成进行数学建模,可知水动力、毛细管压力和浮力在运移方向上的分量作为油气运移的动力和阻力共同控制着油气运移过程。不同条件下油气运移动力构成是由流体压力递减梯度、浮力梯度及水重力梯度共同决定的,当流体压力递减梯度大于浮力梯度时,以压力差控制油气运移为主;反之,则以浮力控制油气运移为主。结合超压演化及油气运移动力学分析得知,东营凹陷西部沙四上亚段滩坝砂油藏成藏动力形式以洼陷为中心呈环带分布,洼陷中心以垂向超压驱动机制为主,斜坡带以侧向超压+浮力复合驱动机制为主,盆缘部位主要靠单一浮力驱动。

主要参考文献

才巨宏.综合应用波形分析及地震特征反演技术预测滩坝砂岩——以博兴洼陷梁108地区为例[J].油气地质与采收率,2005,12(3):42-44.

操应长,王健,刘惠民,等.东营凹陷南坡沙四上亚段滩坝砂体的沉积特征及模式[J].中国石油大学学报(自然科学版),2009,33(6):5-10.

陈红汉,董伟良,张树林,等.流体包裹体在古压力模拟研究中的应用[J].石油与天然气地质,2002,23(3):207-211.

陈红汉,李纯泉,张希明,等.应用流体包裹体确定塔河油田油气成藏期次及主成藏期[J].地学前缘,2003,10(1).

陈世悦,杨剑萍,操应长.惠民凹陷西部下第三系沙河街组两种滩坝沉积特征[J].煤田地质与勘探,2000,28(3):1-4.

陈文学,李永林,张辉,等.焉耆盆地侏罗系包裹体与油气运聚期次的关系[J].石油与天然气地质,2002,23(3):241-243.

陈中红,查明,刘太勋.东营凹陷古近系古湖盆演化与水化学场响应[J].湖泊科学,2008,20(6):705-714.

蔡东梅.东营凹陷利津-民丰地区中深层油型裂解气成藏机理研究[D].东营:中国石油大学(华东),2007.

戴朝强,张金亮.鲁北济阳坳陷东营凹陷南坡沙河街组第四段上亚段高分辨率层序地层格架[J].地质通报,2006,25(9-10):1168-1174.

杜春国,邹华耀,邵振军,等.砂岩透镜体油气藏成因机理与模式[J].吉林大学学报(地球科学版),2006,36(3):370-376.

付广,张发强.利用声波时差资料研究欠压实泥岩盖层古压力封闭能力的方法[J].石油地球物理勘探,1998,33(6):812-818.

郭松.东营凹陷南斜坡沙四上亚段滩坝相砂岩油气成藏机制研究[D].东营:中国石油大学(华东),2011.

侯方浩,蒋裕强,方少仙,等.四川盆地上三叠统香溪组二段和四段砂岩沉积模式[J].石油学报,2005,26(2):30-37.

纪友亮,张善文,王永诗,等.断陷盆地油气汇聚体系与层序地层格架之间的关系研究[J].沉积学报,2008,26(4):617-622.

蒋解梅,王新征,李继山,等.东营凹陷沙四段滩坝砂微相划分与砂体横向预测——以王家岗油田王73井区为例[J].石油地质与工程,2007,21(4):12-15.

李桂芬.利用沉积厚度图探索沙四段滩坝砂体的分布规律[J].内蒙古石油化工,2006,32(4):125-126.

李国斌.东营凹陷西部古近系沙河街组沙四上亚段滩坝沉积体系研究[D].北京:中国地质大学(北京),2009.

李靓.济阳坳陷东营凹陷缓坡带滩坝砂油藏储层特征与预测[J].科技信息,2009(22):714-716.

李丕龙,庞雄奇,张善文,等.陆相断陷盆地隐蔽油气藏形成——以济阳坳陷为例[M].北京:石油工业出版社,2004.

李茹,韦华彬.东营凹陷博兴油田沙四段滩坝砂岩储层特征研究[J].沉积与特提斯地质,2009,29(1):32-36.

李善鹏.东营凹陷和昌潍坳陷深层古地温及古压力恢复[D].北京:中国石油大学(北京),2003.

李善鹏,邱南生,曾辉.利用流体包裹体分析东营凹陷主压力[J].东华理工大学学报,2004,27(3):209-212.

李秀华,肖焕钦,王宁.东营凹陷博兴洼陷沙四段上亚段储集层特征及油气富集规律[J].油气地质与采收率,2001,8(3):21-24.

刘斌.利用不混溶流体包裹体作为地质温度计和地质压力计[J].科学通报,1986,31(18):1432-1436.

刘建章,陈红汉,李剑,等.应用流体包裹体确定鄂尔多斯盆地上古生界油气成藏期次和时期[J].地质科技情报,2005,24(4):60-65.

刘康宁,赵伟,姜在兴,等.东营凹陷古近系沙四上亚段滩坝储层特征及次生孔隙展布模式[J].地学前缘,2012,19(1):163-171.

刘书会.薄层属性分析中存在的问题及解决方法——以东营凹陷108地区滩坝砂岩为例[J].油气地质与采收率,2006,13(2):56-58.

刘伟,吕优良,徐徽,等.东营凹陷南斜坡东段沙四上亚段沉积相与砂体展布研究[J].江汉石油学院学报,2004,26(2):23-25.

刘震,张万选,张厚福,等.辽西凹陷下第三系异常地层压力分析[J].石油学报,1993,14(1):14-24.

马茂艳,姚多喜.利用流体包裹体研究油气成藏期次——以塔里木盆地英南2井为例[J].安徽理工大学学报(自然科学版),2004,24(4):1-5.

毛宁波,范哲清,李玉海,等.岐南凹陷西斜坡滩坝砂隐蔽油气藏研究与评价[A].第三届隐蔽油气藏国际学术研讨会论文集[C].2003:473-480.

米敬奎,肖贤明,刘德汉,等.利用储层流体包裹体的PVT特征模拟计算天然气藏形成古压力——以鄂尔多斯盆地上古生界深盆气藏为例[J].中国科学(D辑),2003,33(7):679-685.

欧光习,李林强,孙玉梅.沉积盆地流体包裹体研究的理论与实践[J].矿物岩石地球化学通报,2006,25(1):1-7.

邱楠生,金之钧,胡文喧.东营凹陷油气充注历史的流体包裹体分析[J].石油大学学报(自然科学版),2000,24(4):95-97.

孙锡年,刘渝,满燕.东营凹陷西部沙四段滩坝砂岩油气成藏条件[J].国外油田工程,2003,19(7):2-24.

孙玉梅,席小应,黄正吉.流体包裹体分析技术在渤中25-1油田油气充注史研究中的应用[J].中国海上油气(地质),2002,16(4):238-244.

谭丽娟,郭松.东营凹陷博兴油田沙四上亚段滩坝砂岩油气富集特征及成藏主控因素[J].中国石油大学学报(自然科学版),2011,35(2):25-30.

陶士振,邹才能,袁选俊.流体包裹体在油气勘探中的应用——以吉林油田扶新隆起扶余油层为例[J].石油地质,2006(4):46-51.

田美荣.东营凹陷西部沙四段上亚段滩坝砂体储集空间特征[J].油气地质与采收率,2008,15(2):31-33.

王飞宇,金之均,吕修祥,等.含油气盆地成藏期分析理论和新方法[J].地球科学进展,2002,17(5):754-760.

王健,操应长,刘惠民,等.东营凹陷南坡沙四段上亚段滩坝砂岩储层孔喉结构特征及有效性[J].油气地质与采收率,2011,18(4):21-34.

王林,吴伟.博兴洼陷滩坝砂沉积特征及油气成藏规律[J].内蒙古石油化工,2007,(11):262-266.

王永诗,刘惠民,高永进,等.断陷湖盆滩坝砂体成因与成藏:以东营凹陷沙四上亚段为例[J].地学前缘,2012,19(1):100-106.

邬金华,张哲.东营凹陷沙一段滩坝-潟湖沉积体系和层序发育的控制特点[J].地球科学,1998,23(1):23-27.

徐国盛,刘中平.川西地区上三叠统地层古压力形成与演化的数值模拟[J].石油实验地质,1996,18(1):117-126.

解习农,李思田,刘晓峰.异常压力盆地流体动力学[M].武汉:中国地质大学出版社,2006.

杨威,杨栓荣,李新生,等.流体包裹体在塔中40油田成藏期次研究中的应用[J].新疆石油地质,2002,23(4):338-339.

曾发富,董春梅,宋浩生,等.滩坝相低渗透油藏储层非均质性与剩余油分布[J].石油大学学报(自然科学版),1998,22(6):42-45,48.

张金亮.利用流体包裹体研究油藏注入史[J].西安石油学院学报,1998,13(4):1-4.

张宇,唐东,周建国.东营凹陷缓坡带滩坝砂储层描述技术[J].油气地质与采收率,2005,12(4):14-16.

张宇.东营凹陷西部沙四段上亚段滩坝砂体的沉积特征[J].油气地质与采收率,2008,15(6):35-38.

赵澄林,张善文,等.胜利油区沉积储层与油气[M].北京:石油工业出版社,1999.

赵铭海.地震相似背景分离技术在东营凹陷的应用[J].油气地质与采收率,2004,11(4):25-27.

赵伟,邱隆伟,姜在兴,等.断陷湖盆萎缩期浅水三角洲沉积演化与沉积模式[J].地质学报,2011,

85(6):1019-1026.

郑有业,李晓菊,马丽娟,等.有机包裹体在生油盆地研究中的应用[J].地学前缘,1998,5(1-2):325-330.

周丽清,邵德艳,房世瑜,等.板桥凹陷沙河街组滩坝砂体[J].石油与天然气地质,1998,19(4):351-355.

朱筱敏,信荃麟,张晋仁.断陷湖盆滩坝储集体沉积特征及沉积模式[J].沉积学报,1994,12(2):20-28.

邹才能,贾承造,赵文智,等.松辽盆地南部岩性-地层油气藏成藏动力和分布规律[J].石油勘探与开发,2005,32(4):125-129.

邹海峰.大港探区前第三系古流体和古温压特征及演化[D].长春:吉林大学,2000.

邹灵.东营凹陷南部缓坡带沙四段滩坝砂储层分布及成藏主控因素[J].油气地质与采收率,2008,15(2):34-36.

Bodnar R. Petroleum migration in the Miocene Monterey Formation, California, USA: constraints from fluid-inclusion studies[J]. Mineralogical Magazine,1990,54(375):295-304.

Blanchet A, Pagel M, Walgenwitz F, et al. Microspectrofluorimetric and microthermometric evidence for variability in hydrocarbon fluid inclusions in quartz overgrowths: implications for inclusion trapping in the Alwyn North field, North Sea[J]. Organic Geochemistry,2003,34(11):1477-1490.

Clifton H E, Hunter R E, Phillips R L. Depositional structures and processes in the nonbarred high energy nearshore[J]. Journal of Sedmentary Research,1971(41):651-670.

Davidson-Amott R G D, Greenwood B. Facies relationships on a barred coast, Kouchibougac Bay, New Brunswick, Canada[J]. Society of Economic Palenotologist and Mineralogists Special Publication,1976(24):149-168.

Fraser G S, Hester N C. Sediments and sedimentary structures of a beach-ridge complex, Southwestern shore of lake Michigan[J]. Journal of Sedimentary Petrology,1977,47(3):1187-1200.

Gijzel P V. Applications of the geomicrophotometry of kerogen, solid hydrocarbons and crude oils to petroleum exploration[M]// BROOKS J. Organic Maturation Studies and Fossil Fuel Exploration. London:Academic Press,1981:351-377.

Goldstein R H. Fluid inclusions in sedimentary and diagenetic systems[J]. Lithos,2001,55(1-4):159-193.

Lang W H J, Gelfand J C. The evaluation of shallow potential in a deep field wildcat[J]. Log Analyst,1985,26(1):13-22.

Magara.泥质岩压实作用[M].陈荷立,译.北京:石油工业出版社,1981.

Munz I A. Petroleum inclusions in sedimentary basins: systematics, analytical methods and applications[J]. Lithos,2001(55):195-212.

Osborne M J, Swarbrick R E. Mechanisms for generating overpressure in sedimentary basin: A re-evaluation[J]. AAPG Bull,1997,81(6):1023-1041.

Price L C. Aqueous solubility of petroleum as applied to its origin and primary migration[J]. AAPG Bulletin,1976,60(2):213-244.

Stasiuk L D, Snowdon L R. Fluoresence micro-spectrometry of synthetic and natural hydrocarbon fluid inclusion: Crude oil chemistry, density and application to petroleum migration[J]. Applied Geochemistry,1997(12):229-241.

Xue L G, Galloway W E. Genetic sequence stratigraphic framework, depositional style, and hydrocarbon occurrence of the Upper Cretaceous QYN Formations in the Songliao lacustrine basin Northeastern China[J]. AAPG,1993,77(10):1792-1808.

Jiang Z X, Liu H, Zhang S W. Sedimentary characteristics of large-scale lacustrine beach-bars and their formation in the Eocene Boxing Sag of Bohai Bay Basin, East China[J]. Sedimentology, 2011(58):1087-1112.